ISMS
ISO/IEC 27001:2022

JN051423

ックで
イバー
…………プライバ
シー保護の要点を理解

深田　博史　著

日本規格協会

注記：本書の ISO/IEC 27001 の解説は，担当者向けに重要事項を抜粋した内容としています（すべてを網羅しているわけではありません）．またこの規格への理解を促進するために，規格本文での表記を平易な言葉に一部置き換え，事例や著者独自の説明を補足しています．

本書のご紹介

　本書は ISO/IEC 27001（JIS Q 27001：情報セキュリティ，サイバーセキュリティ及びプライバシー保護―情報セキュリティマネジメントシステム―要求事項）規格の入門者向け書籍です．特に実務担当者に理解を深めていただきたい重要ポイントを抜粋し，見るみるモデル，要点解説，イラスト，ミニワークブックを特長としています．個人学習や社内勉強会でご活用いただければ幸いです．

■第1章　ISO/IEC 27001 とは，リスク・機会とは
ISO/IEC 27001，情報セキュリティ，リスクマネジメントの基本事項

■第2章　見るみる ISMS モデル
ISO/IEC 27001 の構成について，PDCA サイクルを考慮して図式化した，"見るみる ISMS モデル" を収録．また附属書 A の管理策を著者が分類した「見るみる ISMS 流―附属書 A 小分類」で管理策を大づかみ

■第3章　ISO/IEC 27001 本体の重要ポイント
ISO/IEC 27001 の本体（箇条4〜10）の重要ポイント

■第4章　担当者の情報セキュリティ管理策　ミニワークブック
実務担当者の多くの方々に関連する情報セキュリティ管理策の留意事項をミニワークブックで確認

■第5章　附属書 A（規定）情報セキュリティ管理策の重要ポイント
ISO/IEC 27001 の附属書 A（箇条5〜8）の重要ポイント．第2章，第4章の補足資料として，内部監査等でご利用ください．

目　　次

第4章 担当者の情報セキュリティ管理策 ミニワークブック

第5章 附属書A（規定）情報セキュリティ管理策の重要ポイント

第1章

ISO/IEC 27001 とは，リスク・機会とは

★ この章では，ISO/IEC 27001，情報セキュリティとは何か，リスクマネジメントの基本事項について理解を深めましょう.

★ 本書では，ISO/IEC 27001 に基づく情報セキュリティマネジメントシステム（Information Security Management Systems）を，「ISMS」と略記することがあります.

1.1　ISO/IEC 27001 とは

① ISO とは？

★ 国際標準化機構（International Organization for Standard-ization）という国際組織で，各国間の取引を円滑に行うことを目的に，国際的な標準化を推進する民間組織です．

★ 設立：1947 年　本部：スイスのジュネーブ

② ISMS とは，ISO/IEC 27001 とは

★ ISMS は，Information Security Management Systems の略記で，ざっくりというと「情報セキュリティに取り組むしくみ」で，情報セキュリティ面のマネジメント（管理体制）を整備（標準化）し，運用し，チェックし，継続的に改善するシステム（しくみ）です．

★ ISO/IEC 27001 は，ISMS を推進するための基準の一つで，情報セキュリティのしくみの標準化，および PDCA（Plan→Do→Check→Act）サイクルが重要な要素です．

★ ISMS を道具（ツール）として活用して，情報セキュリティ強化と，セキュリティ関連法令等遵守をねらい，どんどんしくみを改善します．

1.2　情報セキュリティとは

① 情報セキュリティの基本 3 要素

★ 情報セキュリティの基本 3 要素は下記になります．

C	機密性 (Confidentiality)	許可を受けた人以外に情報が漏れないように
I	完全性 (Integrity)	情報が正確，完全で壊れないように
A	可用性 (Availability)	許可を受けた人が，情報を使いたいときに使えるように

＊C 機密性，I 完全性，A 可用性をバランスよく維持することが大切です．

② 代表的な情報セキュリティリスクとは

＊情報セキュリティリスクとは，情報が漏れたり（機密性），情報が壊れたり（完全性），情報が使いたいときに使えなかったり（可用性）する可能性があること．

＊法令等違反による，自社の信用の失墜の可能性も，重大リスクです．

1.3 リスクマネジメントの基本的な考え方

ISO/IEC 27001 では，リスクと機会の考え方が用いられています．

① リスク（risk）とは[※]

好ましくない結果につながる可能性．例えば情報の漏えいや情報セキュリティ関連法令等違反等につながる可能性があること

② 機会（opportunity）とは

好ましい結果が得られやすい状況．例えば情報を円滑に活用し，顧客にとって好ましいサービスを提供したり，業務品質を向上できる可能性があること

③ リスク・機会に応じた対策

次ページ参照．

※ リスクは"目的に対する不確かさの影響"と ISO 31000:2018 3.1 では定義されており，好ましい面，好ましくない面の両方を含みますが，本書では一般的なリスクのイメージを考慮して，上記の①の考え方で用います．

リスクの大きさ ＝ 影響度 × 発生可能性

リスクの大きさに応じた対策を！

④ リスクマネジメントの基本的な考え方

a) リスクの特定		顕在・潜在するリスクを特定する．
b) リスクの分析		リスクの特質を分析し，リスクの大きさ（影響度×発生可能性）を決定する．
c) リスクの評価		リスク分析結果とリスク基準を比較し，リスク対応の優先順位を決定する．
d) リスク対応	リスクの低減	リスクへの対策（情報セキュリティ管理策）を推進し，リスクが発生した際の影響度や発生可能性を低減する． 例：セキュリティソフトを使用する．
	リスクの回避	リスク源（大本）を除去する． 例：個人情報を取り扱う ICT サービス開発・保守・運用時，AI 利用を全面禁止する．
	リスクの共有	リスクを他者と共有する． 例：情報漏えいに備えて保険をかける．
	リスクの保有	（リスクが小さい場合）リスクへの対応を行わずに"しかたない"と受け入れる（リスクを保有した状態）．

1.4　ISMS の PDCA サイクルの概要

ISMS の PDCA サイクルの概要は下記になります.

組織の状況の確認	4	○情報セキュリティ面の組織の状況分析 ○外部・内部課題, 利害関係者のニーズ・期待を明確化
Policy [方向性]	5	○情報セキュリティ方針（方向性）の表明
Plan [計画]	6	○リスク・機会への取組み 　情報セキュリティリスクアセスメント ○情報セキュリティ管理策（基準）を検討し, 明確化 　(ISO/IEC 27001 附属書 A を考慮) ○情報セキュリティの適用宣言書の作成 ○情報セキュリティ目的（目標）の策定・展開
	7	○経営資源を整える（人, 力量, コミュニケーション等）
Do [運用]	8	○情報セキュリティリスク対応計画の実践 ○情報セキュリティ管理策の実践 　（組織面, 人の面, 物理面, 技術面）
Check [チェック]	9	○監視・測定（モニタリング） 　情報セキュリティパフォーマンスのチェック（実績確認）の実施, 是正・改善 ○内部監査, マネジメントレビュー
Act[改善]	10	○チェック結果に基づき継続的改善

※上記の 4～10 は, ISO/IEC 27001 の箇条番号です.

1.5　ISMS 関連用語

① ICT（本書では IT と同義とする）

　★情報通信技術（Information and Communication Technology）の総称

　★PC（パソコン）, サーバー, モバイル端末, 情報システム, ソフトウェア, ICT サービスを使った情報処理や関連技術

　★ICT サービスの例として, インターネットを通じて利用する SNS や検索, 動画, 天気予報, 旅行関連予約, 翻訳, 金融, AI

等のウェブサイトやアプリケーションサービス（アプリ）があります．AI（人工知能）が裏側で機能していることも.

② 情報のライフサイクル

　★情報の取得・入力，移送・送信，利用・加工，委託・提供，保管，廃棄・消去の全段階

③ 情報のプロファイリング

　★ある情報に関連する情報を収集し，解析し，特性を割り出すこと.

　★例えば，個人情報のプロファイリングでは，個人に関連しそうなデータを収集し，解析し，特性を推測すること［例：インターネットでの検索等の利用状況や SNS の利用状況について AI（人工知能）等を用いて分析し，個人的嗜好を把握したり，認証情報を推測したりします］.

情報のリスクに応じた対策を打ちます

第2章

見るみる ISMS モデル

★ 本書では，ISO/IEC 27001 の目次の項目を，PDCA サイクルの視点で見直し，"見るみる ISMS モデル" という図に再定義しました．

★ ISO/IEC 27001 の規格本体（4～10），附属書 A との関連性を確認するとき，そして内部監査の準備や実施の際に ISO/IEC 27001 の全体像を俯瞰的（ふ かん）に見るためにご活用ください．

★ また，ISO/IEC 27001 には，附属書 A の大分類（組織的，人的，物理的，技術的管理策）と各箇条番号の間に小分類のようなものはありませんが，見るみる ISMS では，わかりやすさを優先して，著者流の考えで「小分類」を定義しました．

見るみる ISMS モデル
2.1　見るみる ISMS 流—附属書 A 小分類と箇条番号
2.2　見るみる ISMS 流—附属書 A 小分類リスト

見るみる ISMS モデル ISO/IEC 27001:2022

リーダーシップ	組織の分析	**4 組織の状況**	4.1 組織及びその状況の理解 4.2 利害関係者のニーズ及び期待の理解	
	Policy（方向性）	**方 針**	5.2 方針	
5 リーダーシップ 5.1 リーダーシップ及びコミットメント		組 織	5.3 組織の役割，責任及び権限	
	Plan（計画）	**6 計画策定**	6.1 リスク及び機会に対処する活動 6.1.1 一般	6.1.2 情報セキュリティリスクアセスメント（計画） 6.1.3 情報セキュリティリスク対応（計画）
			目的・計画	6.2 情報セキュリティ目的及び それを達成するための計画策定
			変更の計画	6.3 変更の計画策定
		7 支援	7.1 資源	7.2 力量　7.3 認識
	Do（運用）	**8 運用**	8.1 運用の計画策定及び管理	

ISO/IEC 27001　附属書 A　情報セキュリティ管理策

Do（運用）

		見るみる流　小分類	附属書 A
5 組織的管理策	5A	方針・組織	5.1, 5.2, 5.3, 5.4
	5B	情報収集・外部組織との連携	5.5, 5.6, 5.7
	5C	プロジェクトマネジメント	5.8
	5D	情報・関連資産の管理，利用	5.9, 5.10, 5.11, 5.12, 5.13, 5.14
	5E	アクセス制御①―計画面［関連：8A］	5.15, 5.16, 5.17, 5.18
	5F	供給者管理（サプライヤ関連）	5.19, 5.20, 5.21, 5.22, 5.23
	5G	インシデント管理①―制度面［関連：6F］	5.24, 5.25, 5.26, 5.27, 5.28
	5H	事業継続マネジメント①―計画面［関連：8C］	5.29, 5.30
	5I	法令等順守	5.31, 5.32, 5.33, 5.34
	5J	順守チェック	5.35, 5.36
	5K	情報処理設備操作手順	5.37
6 人的管理策	6A	雇用前―選考，雇用手続き	6.1, 6.2
	6B	雇用中―教育・認識	6.3, 6.4
	6C	雇用終了・変更	6.5
	6D	秘密保持契約	6.6
	6E	リモートワーク	6.7
	6F	インシデント管理②―報告面［関連：5G］	6.8

Check（チェック）	9 パフォーマンス評価	分析・評価	9.1 監視，測定，分析及び評価
		内部監査	9.2 内部監査　9.2.1 一般 9.2.2 内部監査プログラム
		M R	9.3 マネジメントレビュー 9.3.1 一般
Act（改善）	10 改善	是正処置	10.2 不適合及び是正処置

ISMS（情報セキュリティマネジメントシステム）モデル

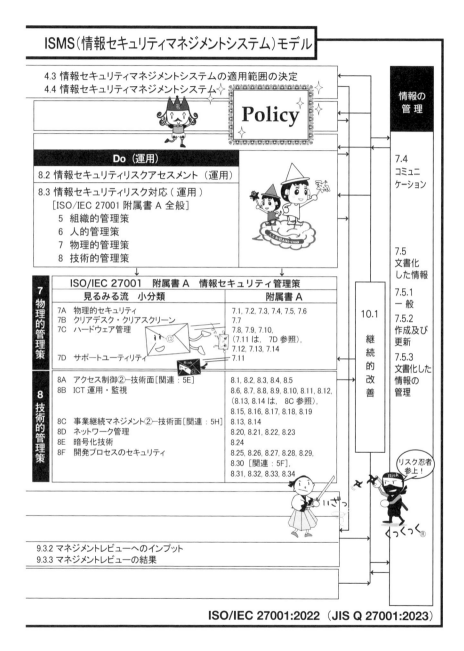

4.3 情報セキュリティマネジメントシステムの適用範囲の決定
4.4 情報セキュリティマネジメントシステム

Policy

情報の管理

Do（運用）

8.2 情報セキュリティリスクアセスメント（運用）

8.3 情報セキュリティリスク対応（運用）
　　［ISO/IEC 27001 附属書 A 全般］
　　5　組織的管理策
　　6　人的管理策
　　7　物理的管理策
　　8　技術的管理策

7.4
コミュニ
ケーション

7.5
文書化
した情報

7.5.1
一 般

7.5.2
作成及び
更新

7.5.3
文書化した
情報の
管理

7 物理的管理策	ISO/IEC 27001　附属書 A　情報セキュリティ管理策	
	見るみる流　小分類	附属書 A
	7A　物理的セキュリティ	7.1, 7.2, 7.3, 7.4, 7.5, 7.6
	7B　クリアデスク・クリアスクリーン	7.7
	7C　ハードウェア管理	7.8, 7.9, 7.10, （7.11 は、 7D 参照）, 7.12, 7.13, 7.14
	7D　サポートユーティリティ	7.11
8 技術的管理策	8A　アクセス制御②ー技術面［関連：5E］	8.1, 8.2, 8.3, 8.4, 8.5
	8B　ICT 運用・監視	8.6, 8.7, 8.8, 8.9, 8.10, 8.11, 8.12, （8.13, 8.14 は、 8C 参照）, 8.15, 8.16, 8.17, 8.18, 8.19
	8C　事業継続マネジメント②ー技術面［関連：5H］	8.13, 8.14
	8D　ネットワーク管理	8.20, 8.21, 8.22, 8.23
	8E　暗号化技術	8.24
	8F　開発プロセスのセキュリティ	8.25, 8.26, 8.27, 8.28, 8.29, 8.30 ［関連：5F］, 8.31, 8.32, 8.33, 8.34

10.1
継続的改善

リスク忍者
参上！

9.3.2 マネジメントレビューへのインプット
9.3.3 マネジメントレビューの結果

ISO/IEC 27001:2022 （JIS Q 27001:2023）

2.1　見るみる ISMS 流—附属書 A 小分類と箇条番号

　見るみる ISMS では，わかりやすさを優先するために著者独自の考えで，附属書 A の大分類（組織的，人的，物理的，技術的管理策）と各箇条の間に「見るみる ISMS 流—附属書 A 小分類」を定義しました.

5　組織的管理策

見るみる ISMS 流小分類		ISO/IEC 27001 附属書 A 箇条番号	
5A	方針・組織	5.1	情報セキュリティのための方針群
		5.2	情報セキュリティの役割及び責任
		5.3	職務の分離
		5.4	管理層の責任
5B	情報収集・外部組織との連携	5.5	関係当局との連絡
		5.6	専門組織との連絡
		5.7	脅威インテリジェンス
5C	プロジェクトマネジメント	5.8	プロジェクトマネジメントにおける情報セキュリティ
5D	情報・関連資産の管理，利用	5.9	情報及びその他の関連資産の目録
		5.10	情報及びその他の関連資産の許容される利用
		5.11	資産の返却
		5.12	情報の分類
		5.13	情報のラベル付け
		5.14	情報の転送
5E	アクセス制御① —計画面 [関連：8A]	5.15	アクセス制御
		5.16	識別情報の管理
		5.17	認証情報
		5.18	アクセス権
5F	供給者管理 （サプライヤ関連）	5.19	供給者関係における情報セキュリティ
		5.20	供給者との合意における情報セキュリティの取扱い
		5.21	情報通信技術(ICT)サプライチェーンにおける情報セキュリティの管理
		5.22	供給者のサービス提供の監視，レビュー及び変更管理
		5.23	クラウドサービスの利用における情報セキュリティ

見るみる ISMS 流小分類		ISO/IEC 27001 附属書 A 箇条番号	
5G	インシデント管理① ―制度面 [関連：6F]	5.24 5.25 5.26 5.27 5.28	情報セキュリティインシデント管理の 計画策定及び準備 情報セキュリティ事象の評価及び決定 情報セキュリティインシデントへの対応 情報セキュリティインシデントからの学習 証拠の収集
5H	事業継続 マネジメント① ―計画面 [関連：8C]	5.29 5.30	事業の中断・阻害時の情報セキュリティ 事業継続のための ICT の備え
5I	法令等順守	5.31 5.32 5.33 5.34	法令，規制及び契約上の要求事項 知的財産権 記録の保護 プライバシー及び個人識別可能情報 （PII）の保護
5J	順守チェック	5.35 5.36	情報セキュリティの独立したレビュー 情報セキュリティのための方針群， 規則及び標準の順守
5K	情報処理設備 操作手順	5.37	操作手順書

6　人的管理策

見るみる ISMS 流小分類		ISO/IEC 27001 附属書 A 箇条番号	
6A	雇用前―選考， 雇用手続き	6.1 6.2	選考 雇用条件
6B	雇用中―教育・認識	6.3 6.4	情報セキュリティの意識向上,教育及び訓練 懲戒手続
6C	雇用終了・変更	6.5	雇用の終了又は変更後の責任
6D	秘密保持契約	6.6	秘密保持契約又は守秘義務契約
6E	リモートワーク	6.7	リモートワーク
6F	インシデント管理② ―報告面 [関連：5G]	6.8	情報セキュリティ事象の報告

7　物理的管理策

見るみる ISMS 流小分類	ISO/IEC 27001 附属書 A 箇条番号
7A　物理的セキュリティ	7.1　物理的セキュリティ境界 7.2　物理的入退 7.3　オフィス，部屋及び施設のセキュリティ 7.4　物理的セキュリティの監視 7.5　物理的及び環境的脅威からの保護 7.6　セキュリティを保つべき領域での作業
7B　クリアデスク・ 　　クリアスクリーン	7.7　クリアデスク・クリアスクリーン
7C　ハードウェア管理	7.8　装置の設置及び保護 7.9　構外にある資産のセキュリティ 7.10　記憶媒体 (7.11 は，7D 参照) 7.12　ケーブル配線のセキュリティ 7.13　装置の保守 7.14　装置のセキュリティを保った処分又は 　　　再利用
7D　サポート 　　ユーティリティ	7.11　サポートユーティリティ

8　技術的管理策

見るみる ISMS 流小分類	ISO/IEC 27001 附属書 A 箇条番号
8A　アクセス制御② 　　—技術面 　　[関連：5E]	8.1　利用者エンドポイント機器 8.2　特権的アクセス権 8.3　情報へのアクセス制限 8.4　ソースコードへのアクセス 8.5　セキュリティを保った認証
8B　ICT 運用・監視	8.6　容量・能力の管理 8.7　マルウェアに対する保護 8.8　技術的ぜい弱性の管理 8.9　構成管理 8.10　情報の削除 8.11　データマスキング 8.12　データ漏えい防止 (8.13, 8.14 は，8C 参照)

見るみる ISMS 流小分類		ISO/IEC 27001 附属書 A 箇条番号
		8.15 ログ取得
		8.16 監視活動
		8.17 クロックの同期
		8.18 特権的なユーティリティプログラムの使用
		8.19 運用システムへのソフトウェアの導入
8C	事業継続 マネジメント② —技術面 [関連：5H]	8.13 情報のバックアップ 8.14 情報処理施設・設備の冗長性
8D	ネットワーク管理	8.20 ネットワークセキュリティ 8.21 ネットワークサービスのセキュリティ 8.22 ネットワークの分離 8.23 ウェブフィルタリング
8E	暗号化技術	8.24 暗号の利用
8F	開発プロセスの セキュリティ	8.25 セキュリティに配慮した開発のライフ 　　　サイクル 8.26 アプリケーションセキュリティの 　　　要求事項 8.27 セキュリティに配慮したシステムアーキテク 　　　チャ及びシステム構築の原則 8.28 セキュリティに配慮したコーディング 8.29 開発及び受入れにおけるセキュリティ 　　　テスト 8.30 外部委託による開発［関連：5F］ 8.31 開発環境, テスト環境及び本番環境の分離 8.32 変更管理 8.33 テスト用情報 8.34 監査におけるテスト中の情報システムの 　　　保護

2.2　見るみる ISMS 流—附属書 A 小分類リスト

5　組織的管理策

5A	方針・組織
5B	情報収集・外部組織との連携
5C	プロジェクトマネジメント
5D	情報・関連資産の管理，利用
5E	アクセス制御①—計画面［関連：8A］
5F	供給者管理（サプライヤ関連）
5G	インシデント管理①—制度面［関連：6F］
5H	事業継続マネジメント①—計画面［関連：8C］
5I	法令等順守
5J	順守チェック
5K	情報処理設備操作手順

6　人的管理策

6A	雇用前—選考，雇用手続き
6B	雇用中—教育・認識
6C	雇用終了・変更
6D	秘密保持契約
6E	リモートワーク
6F	インシデント管理②—報告面［関連：5G］

7　物理的管理策

7A	物理的セキュリティ
7B	クリアデスク・クリアスクリーン
7C	ハードウェア管理
7D	サポートユーティリティ

8　技術的管理策

8A	アクセス制御②—技術面［関連：5E］
8B	ICT 運用・監視
8C	事業継続マネジメント②—技術面［関連：5H］
8D	ネットワーク管理
8E	暗号化技術
8F	開発プロセスのセキュリティ

ISO/IEC 27001 本体の重要ポイント

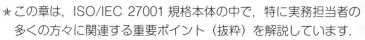

★ この章は，ISO/IEC 27001 規格本体の中で，特に実務担当者の多くの方々に関連する重要ポイント（抜粋）を解説しています．

★ 「第2章　見るみる ISMS モデル」の補足資料としてご参照ください．

4　組織の状況
(Context of the organization)

4.1　組織及びその状況の理解
4.2　利害関係者のニーズ及び期待の理解
4.3　情報セキュリティマネジメントシステムの適用
　　範囲の決定
4.4　情報セキュリティマネジメントシステム

4 組織の状況

4.1 組織及びその状況の理解

① 企業・組織の目的に関連する ISMS を推進するねらいに影響を与える（a）外部課題，（b）内部課題を決定します．

[SWOT（スウォット）分析：組織の状況分析のまとめ方の一例]

＊外部・内部課題，利害関係者のニーズ・期待を整理する一手法です．

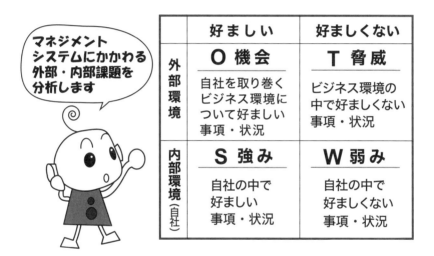

＊この組織の状況を分析する活動は，以後の ISMS（情報セキュリティに取り組むしくみ）の方向性，中身を決定するために，とても重要な活動です．

[補足説明]

(a)　企業・組織の目的〔ISO/IEC 27001　4.1〕

企業の事業目的，事業推進のねらい．経営方針や中期経営計画に表明
されていることが比較的多いです．

この企業・組織の目的を考慮して，ISMS の方向性を考えて，情報セ
キュリティにかかわる外部課題，内部課題を明確化し，また情報セキ
ュリティ方針を策定します．

(b)　戦略的な方向性〔ISO/IEC 27001　5.1〕

例えば，競合する企業よりも自社のほうが優れている（強みをもつ）事
項．中期経営計画や年度方針で表明されていることが比較的多いです．
この戦略的な方向性と両立する ISMS を推進します．

(c)　ISMS を推進するねらい（ISMS の意図した結果）
〔ISO/IEC 27001　4.1〕

ISMS を導入し，維持・改善していくうえでのねらい．

例：情報セキュリティ方針の達成

(d)　外部課題〔ISO/IEC 27001　4.1〕

企業を取り巻く外部環境の課題〔好ましい事項（O），好ましくない
事項（T）〕．例えば，ICT（情報通信技術）に関する注目すべき技術
動向（例：AI，暗号化技術等），サイバーセキュリティの動向，情報
セキュリティや個人情報保護に関する法令等の動向等の課題．

(e)　内部課題〔ISO/IEC 27001　4.1〕

自社内の課題〔好ましい事項（S），好ましくない事項（W）〕．例え
ば，自社が利用している ICT の課題（例：最新技術をどこまで実装
しているか），従業者の ICT リテラシー（ICT に関する基礎的理解度）
や，ISMS に関する力量向上動向等の課題．

※(d) 外部課題，(e) 内部課題の (O)，(T)，(S)，(W) は，前述の SWOT 分析のイ
　ラストに関連

4.2　利害関係者のニーズ及び期待の理解

① ISMS に関連する(a)利害関係者を決定し，その(b)利害関係者に関連する情報セキュリティ要求事項（ニーズ・期待）を決定します．

② 利害関係者の要求事項に，法令等（法令，規制）や，利害関係者との契約事項（例：顧客や取引先との秘密保持契約）を含める場合があります．

［補足説明］

★前述「4.1 組織及びその状況の理解」と関連づけて，利害関係者のニーズや期待を明確化することも一案です．この 4.1 や 4.2 の組織の状況の情報は，情報セキュリティ目的の策定 ［6.2］ やマネジメントレビューへのインプット ［9.3.2］ 情報になります．

4.3　情報セキュリティマネジメントシステムの適用範囲の決定

　下記を考慮してISMSの適用範囲の境界や適用可能性（適用できるかどうか）を決定します.

①　「4.1 組織の状況の理解」で決定した外部課題, 内部課題

②　「4.2 利害関係者のニーズ及び期待」で決定した利害関係者の要求事項（ニーズ・期待）

③　自社・組織の活動と他の組織の活動のつながり, 依存関係

　　☞ **参考：第3章　7.5 文書化した情報**

［補足説明］

　★適用範囲の「境界」には, ISMS適用範囲とする組織の範囲（例：法人名, 組織名, 所在地）, 組織の活動, 関連する要員, ネットワークの境界等があり, どこまでがISMSの適用範囲かを明確にします.

4.4　情報セキュリティマネジメントシステム

　ISO/IEC 27001に基づきISMSを

①　確立（整備し, 必要な事項は文書化, 見える化, 共有します）

②　運用・維持

③　継続的改善

します.

5　リーダーシップ
(Leadership)

* 「5 リーダーシップ」は，主にトップマネジメント（ISMS の最高責任者）にかかわる要求事項が表されています．
* 加えて各部門の責任者が，各自の担当領域において，効果的なリーダーシップを発揮すると，企業・組織の情報セキュリティ方針や情報セキュリティ目的（目標）達成に向けて，より力強くPDCA 活動を推進できます．

5.1　リーダーシップ及びコミットメント
5.2　方針
5.3　組織の役割，責任及び権限

5　リーダーシップ

5.1　リーダーシップ及びコミットメント

　トップマネジメント（ISMS の最高責任者）はトップとしての ISMS に関するリーダーシップを発揮し，コミットメント（責務）を果たす活動を行っていることを，次のような活動で実証します.

① 情報セキュリティ方針，情報セキュリティ目的（目標）を確立します.

その際，組織の戦略的方向性（例：会社の方針や中期事業計画等で表された会社の戦略）と両立（整合）するようにします.

☞ **参考：第 3 章　4.1　組織およびその状況の理解**

② 組織の事業プロセスと, ISMS が一体になるようにします（ISMS が組織の実務とは別にならないように）.

③ ISMS の推進に必要な資源を確実に利用できるようにします.

④ 情報セキュリティマネジメントが有効に機能していることの重要性や，ISMS 要求事項に適合することの重要性を関係者に伝達します（例：情報セキュリティ方針の伝達による）.

⑤ ISMS が意図した成果を確実に達成できるようにします（例：情報セキュリティ方針の達成に向けて）.

⑥ ISMS の継続的改善を促進します.

⑦ ISMS が有効であるように貢献する要員（例：ISMS に関する管理責任者，事務局員，管理職，推進委員，内部監査員）を指揮します.

⑧ その他の管理層（管理職，リーダー）が担当領域において, ISMS に関するリーダーシップを発揮できるように，トップマネジメントは支援します.

[補足説明：トップマネジメントがリーダーシップを実践している例]

★トップマネジメントがリーダーシップを実践している活動の例として，下記が挙げられます．

(a) 組織の状況（4.1，4.2）を分析する活動の推進，支援

(b) 情報セキュリティ方針の策定，表明，伝達，浸透

(c) 情報セキュリティ目的（目標）の全体的な方向性の表明（情報セキュリティ方針に表すことも一案）

(d) マネジメントレビューにより，ISMSが情報セキュリティ方針の達成に向けて効果的に推進できているかを確認し，改善に向けた指示を行う．

5.2　方針

① トップマネジメント（ISMSの最高責任者）は，（前述「4.1 組織の状況」で確認した）組織の目的を考慮し，情報セキュリティ目的の大枠（全体的な方向性）を考慮した情報セキュリティ方針を表明し，組織内に伝達し，実現を促します．

② また必要に応じて自社・組織外の人が方針を確認できるようにします（例：自組織のウェブサイトで情報セキュリティ方針を公開）．

☞ **参考：第3章　7.5 文書化した情報**

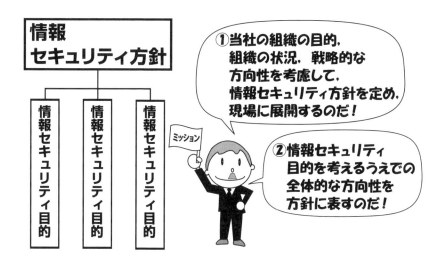

5.3　組織の役割，責任及び権限

① トップマネジメント（ISMS の最高責任者）は，情報セキュリティ
の役割に関する責任・権限を割り当て，組織内に確実に伝達しま
す.

② 経営層は，次の事項について責任・権限を割り当てます.

　＊自社の ISMS が，ISO/IEC 27001 に確実に適合する.

　＊経営層に ISMS に関するパフォーマンス（実績）の状況を報告
　する.

　☞ 参考：9.3　マネジメントレビュー

6   計画策定
(Planning)

■リスク（risk）とは
* ★ 好ましくない結果につながる可能性
* ★ 潜在的で有害な影響（脅威）

■機会（opportunities）とは
* ★ 好ましい結果が得られやすい状況，好機会
* ★ 潜在的で有益な影響（機会）

［補足説明：目的と目標］
* ★ ISO/IEC 27001 6.2 の「Information security objectives」は，JIS Q 27001 6.2 では「情報セキュリティ目的」と表されています．
* ★ この objectives という単語は，JIS Q 9001（品質マネジメントシステム）や JIS Q 14001（環境マネジメントシステム）では「品質目標」，「環境目標」と表されており，企業によっては「目標」という用語を選択されているケースもあると考え，本書では「情報セキュリティ目的（目標）」と表す場合があります．

6.1   リスク及び機会に対処する活動
  6.1.1   一 般
  6.1.2   情報セキュリティリスクアセスメント
  6.1.3   情報セキュリティリスク対応
6.2   情報セキュリティ目的及びそれを達成するための計画策定
6.3   変更の計画策定

6　計画策定

6.1　リスク及び機会に対処する活動

6.1.1　一般

① ISMS を計画する際，"<u>取り組む（対処する）必要がある</u>"「リスク」と「機会」を決定します．

② その際，次を考慮します．

　　★4.1 組織の状況で決定した組織の(a)外部課題，(b)内部課題

　　★4.2 利害関係者のニーズ及び期待の理解で決定した

　　　(c)利害関係者の ISMS に関連する要求事項（ニーズ及び期待）

③ 決定した「リスク」と「機会」への取組み（対処する活動，方法）を計画します．

　　例：リスクを減らすための取組み，機会を増やすための取組みを計画します．

取り組む必要がある
リスク・機会を特定し，対処します

6.1.2　情報セキュリティリスクアセスメント（計画）

① 情報セキュリティリスクアセスメントのプロセス（誰が，何を基準に，どのように行い，どう文書に表すか等）を明確にし，適用します．

② リスク受容基準，情報セキュリティリスクアセスメントの実施基準を確立し，維持します．

③ 情報セキュリティリスクを特定し，分析し，リスクレベルを決定します．

④ 情報セキュリティリスクを評価します（リスク基準との比較，リスクの優先順位づけ）．

⑤ 情報セキュリティリスクアセスメントのプロセスを文書化します．
　　例：情報セキュリティリスクアセスメント規定等の作成
　　☞ 参考：第3章　7.5 文書化した情報

[補足説明：情報セキュリティリスクアセスメント実施時の留意事項の例]

C　機密性 I　完全性 A　可用性	ISMS 適用範囲内の情報の C（機密性），I（完全性），A（可用性）が失われた場合のリスクを特定 [☞ 参考：第1章　1.2 ①]
影響，結果	特定されたリスクが実際に発生した場合に起こり得る結果
発生可能性	特定されたリスクの現実的な起こりやすさ

6.1.3　情報セキュリティリスク対応（計画）

① 情報セキュリティリスク対応のプロセスを明確にし，適用します．

② リスクアセスメントの結果を考慮して，情報セキュリティリスク対応方法の選択肢の中から，対応方法を選定します．

③ リスク対応として必要な，全ての「情報セキュリティ管理策」を決定します．

④　検証（見落とし予防）

その「情報セキュリティ管理策」と ISO/IEC 27001 附属書 A を比較し，必要な管理策の見落としがないかをチェックします．

☞ **参考：第4章，第5章**

⑤　ISMS の適用宣言書を作成します．

⑥　「情報セキュリティリスク対応計画」を策定し，残留している情報セキュリティリスクの受容とともに，リスク所有者（リスクオーナー）の承認を得ます．

⑦　情報セキュリティリスク対応のプロセスを文書化します．

例：情報セキュリティ管理策規定等の作成等

☞ **参考：第3章　7.5 文書化した情報**

6.2　情報セキュリティ目的及びそれを達成するための計画策定

①　関連する機能や組織の階層において，情報セキュリティ目的（目標）を文書化し，その達成に向けて計画します．

☞ **参考：第3章　7.5 文書化した情報**

②　目的（目標）を達成するための計画策定時，次の事項を決定します．

＊実施事項（施策）

＊必要な資源（例：人，モノ，技術，情報，資金，時間など）

＊責任者

＊実施事項の完了時期（達成期限）

＊結果の評価方法（達成基準と評価方法）

☞ **参考：第3章　7.5 文書化した情報**

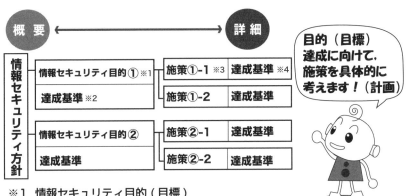

※1　情報セキュリティ目的（目標）
　　　方針，戦略を達成するための重要成功要因（CSF）
※2　達成基準 [例：業績評価指標（KPI）]
　　　目的（目標）の一部で，施策が効果をあげているかどうかを判断します．
　　　効果がなければ，施策 [または目的（目標）] を見直します．
※3　施策
　　　目的（目標）達成に向けた具体策
※4　施策の評価指標（例：マイルストーン）
　　　施策の実行状況を（途中，終了時に）確認する基準

6.3　変更の計画策定（補足：ISMS の変更です）

①　ISMS を変更するときは，（突発的に変更するのではなく）計画的
　　な方法で運用します．

7 支 援
(Support)

■資源（経営資源）とは

★ISMS を運営するために必要な経営資源

★ 例えば，人々（要員），インフラストラクチャ（ICT を含む），知識・技術・ノウハウ，社風，コミュニケーション，資金等の中で ISMS に影響を与えるものが該当します．

★ 社内の資源に加えて，社外の資源（例：他社の ICT サービス，技術，特許，専門家等）も必要時に考慮します．

---

7 支　援

7.1 資　源

① ISMS 推進に必要な資源（社内，社外の経営資源）を決めて，提供します.

7.2 力　量

① 情報セキュリティのパフォーマンス（実績）に影響を与える業務を，組織の管理下で行う要員に必要な力量（どのような知識，スキルが必要か）を決定します.

② 適切な教育・訓練や経験により，要員が力量を保有していることを確実にします.

③ （担当する ISMS の職務を遂行するうえで力量が不足する場合は）必要な力量を身につけるための処置（例：教育，OJT 等※）を行い，その有効性評価（必要な力量が身についたかどうかの評価）を行います.

④ 力量の証拠の記録（例：教育や資格の記録）を残します.

※ 従業者への教育・訓練，OJT による経験の強化，配置転換に加えて，既に力量がある外部人材（例：技術者，専門家）の雇用や契約締結もあり得ます.

☞ **参考：第3章　7.5 文書化した情報**

7.3　認　識

　自社・組織の管理下で働く人々は，次の事項について認識をもつ必要があります.

① 情報セキュリティ方針

② ISMS の有効性向上に向けて，自分はどのように貢献するか [例：情報セキュリティ目的（目標）達成に向けた自分の役割の認識].

その ISMS の有効性には，パフォーマンス（実績）向上により得られるメリットを含みます.

③ ISMS から逸脱することの意味（例：情報セキュリティの基準や手順から逸脱した場合に発生し得る情報セキュリティ事件・事故の認識）

一人ひとりの認識を高めると，
パフォーマンス（実績）向上につながります！

● **ワークブック**

[1] 情報セキュリティ目的（目標）達成に向けた認識

パフォーマンス（実績）の指標の一つに情報セキュリティ目的（目標）があります．この「情報セキュリティ目的（目標）」を達成するために，自分は何を実施しますか？

所属部署に関連する 情報セキュリティ目的（目標）	その「情報セキュリティ目的（目標）」達成に向けた自分の実施事項

[2] ISMS からの逸脱した場合のリスク

ISMS から逸脱した活動を行うと，どのような情報セキュリティ事件・事故につながりますか？

自分に関連する 情報セキュリティ対策	その基準文書等	基準から逸脱した場合の 情報セキュリティ事件・事故

7.4　コミュニケーション

① ISMS に関する組織の内部および外部との必要なコミュニケーションを決定します.

② その際, 伝達する内容, 実施時期, 相手, 方法も決定します.

[補足説明：内部・外部コミュニケーション]

＊内部コミュニケーション

ISMS を運営するために, 社内で行う情報交換活動. ミーティング, メール,（ネット上の）掲示板, インシデント発生時の情報共有等.

＊外部コミュニケーション

社外とのコミュニケーションで, a) 社外から情報を得る場合, b) 社外に情報を発信する場合があります.

例えば, 個人情報漏えい問題が発生し, 監督官庁に報告し, また利害関係者に, 伝達内容, 公表時期, 情報発信方法, その情報発信によるリスク等を十分検討したうえで公表します.

7.5　文書化した情報　（文書管理・記録管理）

7.5.1　一　般

① ISMS には次の事項を含みます.

＊ISO/IEC 27001 規格が要求する文書化した情報（文書, 記録）

＊ISMS <u>有効性のために</u>, 組織が必要と決定した文書化した情報（文書, 記録）

② 文書化の程度は, 組織の規模, 活動, プロセス（内容や複雑さ）, 製品・サービスの種類, 要員の力量等に応じて異なる場合があります.

[補足説明]

★ **文書化した情報と文書，記録**

- 文書化した情報には，管理策，基準書，手順書等の「文書」や，業務の結果を残す「記録」の両者が含まれます．

- 本書では，文書化した情報についてイメージしやすいように「文書」または「記録」という用語を用いる場合があります．

★ **文書化の程度**

- 業務プロセスをどこまで詳細レベル／概要レベルで文書化するか，または全く文書化しないかは，自社・組織でリスクの大きさに応じて，利害関係者（顧客，株主等）に対する説明責任（accountability）を考慮して決めます．

- 文書化の目的は，「共有」です．目標や業務プロセスを関係者が「共有」することが目的で，文書化はその「手段」です．

- 「共有」できるのであれば，文書はより少ないほうが，現場に浸透しやすく，更新や共有の手間は小さいです．外部審査のときしか使わない文書をなくせないかどうかも考えます．その維持コストはもったいないです．

- 記録についても同様で，どのような記録を，どこまで詳細レベル／概要レベルで残すかについて，自社・組織で利害関係者（顧客，株主等）に対する説明責任の視点で，"自社で"決めます．

- なお「目的」と「手段」の順番を間違えると，合目的なマネジメントを行うことができません．「目的」を達成するための「手段」であり，文書化は，ISMSを推進するための単なる手段です．

7.5.2　作成及び更新

① 文書は，（タイトル，日付，作成者，参考番号などで）識別でき，適切な表し方（言語，ソフトウェアの版，図表），媒体（紙，電子）

で作成します.

② 文書は, 適切性, 妥当性について, レビュー, 承認される必要があります.

7.5.3　文書化した情報の管理

① 文書は, 使いたいときに使えるようにします.

② 文書は, 機密性, 不適切な使用(例:知的所有権の侵害等), 完全性の喪失(意図しない削除, 改変, 破損)から保護します.

③ 文書は管理します[配付, アクセス, 検索, 利用, 読みやすさの保持, 保管, 保存, 変更管理(更新日や版の管理), 保持, 廃棄などの管理].

④ ISMS の推進に必要な外部からの文書化した情報を, 識別し, 管理します.

　　例:ISMS に関する法令等, 利害関係者との秘密保持契約事項,
　　　　ICT に関する準拠すべき文書(技術情報等)

● **ワークブック**

[1] 文書の活用，更新状況の確認

文書の活用・更新状況はいかがでしょうか？

No.	質問項目	Yes	No
1	「自分の業務にかかわる ISMS 関連文書」が何かをしっかりと理解していますか？	☐	☐
2	その文書を頻繁に使っていますか？	☐	☐
3	その文書は，過去 2 年以内に改善に向けた更新がされましたか？	☐	☐
4	その文書はとてもわかりやすいですか？	☐	☐

※　「No」のチェックが多い場合は，使われていない文書が多い可能性があります．文書の統廃合や，どのような内容をどのようなスタイルの文書にまとめると有効か，再検討してはいかがでしょうか．

8 運　用
(Operation)

＊本章は，特に箇条 6（計画策定）で定義した ISMS を，運用するための要求事項が表されています.

8.1　運用の計画策定及び管理
8.2　情報セキュリティリスクアセスメント
8.3　情報セキュリティリスク対応

8　運　用

8.1　運用の計画策定及び管理

① ISMS に関する要求事項を満たすため，および箇条6（計画策定）で決定した活動を運用するために，必要なプロセスを計画（検討し，明確化）し，その計画に基づき運用し，管理します．

② その際，下記に留意します．

　★ プロセスに関する基準の設定

　★ その基準に基づくプロセス管理の実施

③ そのプロセスを計画どおりに実施するために，必要な文書化した情報（基準，手順等）を利用できるようにします．

　☞ **参考：第3章　7.5 文書化した情報**

④ 計画した変更を管理し，意図しない変更によって発生した結果をレビューし，必要に応じて，有害な影響（例：情報漏えい等の情報セキュリティ事件・事故）を軽減する処置をとります．

⑤ 外部委託するプロセス（外部から提供されるプロセス），外部から提供を受ける製品・サービスを確実に管理します．

　☞ **参考：第5章　5F 供給者管理（サプライヤ関連）**

8.2　情報セキュリティリスクアセスメント（運用）

① 6.1.2 で決めたリスク基準（リスク受容基準，情報セキュリティアセスメントの実施基準）を考慮して，情報セキュリティリスクアセスメントを運用します．

② この情報セキュリティリスクアセスメントは，あらかじめ決めた間隔で，または重大な変更が提案された場合，重大な変化が発生した場合に，運用し，結果を文書化します．

[補足説明：重大な変更の提案，重大な変化の例]

（a）社内のサーバーを，クラウドサービス利用に変更する

（b）情報セキュリティ関連法令等の改正

（c）イノベーション

　　　例：新たな端末の出現，AI や量子コンピュータの進化と普及，通
　　　　　信の高速化，暗号技術の進化と陳腐化

（d）各国の紛争による ICT の利用状況の変化　等

　　☞ **参考：第3章　7.5 文書化した情報**

8.3　情報セキュリティリスク対応（運用）

①　6.1.3，6.2，6.3 で決めた情報セキュリティリスク対応計画（情報
　　セキュリティ管理策を含む）を運用し，対応結果を文書化します．

　　☞ **参考：第3章　7.5 文書化した情報**

[補足説明]

　★「情報セキュリティリスク対応計画」の例には次のものがあります．

ISO/IEC 27001　関連する箇条	情報セキュリティリスク対応計画の例
6.1.3　情報セキュリティリスク対応	各種　情報セキュリティ管理策（附属書 A を考慮した管理策）
6.2　情報セキュリティ目的及びそれを達成するための計画策定	情報セキュリティ目的（目標）を達成するための取り組み計画（実行計画）
6.3　変更の計画策定	ISMS 変更の計画

9　パフォーマンス評価
(Performance evaluation)

9.1　監視，測定，分析及び評価
9.2　内部監査
9.3　マネジメントレビュー
　9.3.1　一　般
　9.3.2　マネジメントレビューへのインプット
　9.3.3　マネジメントレビューの結果

9 パフォーマンス評価

9.1 監視，測定，分析及び評価

① 情報セキュリティに関して，次の事項を決定します.

　★監視・測定の対象

　　何を監視・測定するかを決定します. この監視・測定の対象に
　　は，情報セキュリティプロセスや管理策を含みます.

　★監視，測定，分析，評価方法

　　妥当な結果を確実にするため，再現できる（決まった）方法で.

　★監視，測定の実施時期（例：毎日，毎月，毎年等），実施者

　★監視，測定の結果を分析，評価する時期，実施者

② 監視，測定，分析，評価の結果を，文書化した情報として利用でき
　るようにします.

③ ISMS に関して，次の事項を評価し，記録を残します.

　★情報セキュリティパフォーマンス（実績）

　★ISMS の有効性

　☞ 参考：第３章　7.5 文書化した情報

[補足説明]

★ 監視，測定，分析，評価の対象は，組織が情報セキュリティリスク
の状況や情報セキュリティ管理策の状況に応じて，自社で決めるこ
とになります．その事例を記載します．

No,	監視，測定，分析，評価対象項目 の事例（抜粋）	関連する ISO/IEC 27001 の例
①	情報セキュリティ目的（目標）の達成状況	6.2
②	情報漏えい発生件数	10.2，A.5.24〜A.5.28， A.6.8
③	マルウェア検知件数	A.5.24〜A.5.28， A.8.7〜A.8.9
④	マルウェア感染件数	10.2，A.5.24〜A.5.28， A.8.7〜A.8.9
⑤	ISMS 入門研修　受講率	7.2，7.3，A.6.3
⑥	ISMS 内部監査員の全要員に占める比率	7.2，7.3，A.6.3
⑦	クリアデスク・クリアスクリーンのエラー件数	A.7.7
⑧	第三者との秘密保持契約締結率	A.5.19〜A.5.23

※ A：ISO/IEC 27001 附属書 A

[補足説明：監視，測定，分析，評価対象項目の決定について]

★ 監視，測定，分析，評価対象項目を何にするかは重要です．

★ この項目のパフォーマンス（実績）向上を目指して，ISMS の
PDCA サイクルを回し，その結果により，ISMS の有効性（効果
があるかどうか）を判断します．

★ コンサルタントの視点としては，ISMS の有効性として「情報セキ
ュリティ事件・事故の発生リスク」を最小化できているかどうかが
重要と考え，その<u>リスクを最小化する取組み（活動，管理策）が計
画どおりに進んでいるかどうかをモニタリング（状況確認）するた
めに</u>，この「監視，測定，分析，評価対象項目」を決定するための
助言を行うことが多いです．

情報・データ

- ・情報セキュリティ目的の達成状況
- ・情報漏えい発生件数
- ・マルウェア検知件数
- ・マルウェア感染件数
- ・ISMS 入門研修　受講率
- ・ISMS 内部監査員の全要員に占める比率
- ・クリアデスク・クリアスクリーンの
　エラー件数
- ・第三者との機密保持契約締結率

- ・マネジメントシステムの
  - ・パフォーマンス（実績）
  - ・有効性
  - ・改善の必要性
   （例：ISMS が意図した結果を出しているか，改善が必要かを
   　　上記の各情報分析結果を用いて評価）

状況が
わかってきたぞ！
次の戦略は…？

★ぜひ，モニタリングする価値がある項目を決定しましょう.

9.2　内部監査

① 　内部監査のねらい

　［適合性評価］

　　★ISMS は，ISO/IEC 27001 を満たしているか

　　★自社が決めた要求事項が適切に実施されているか

　　［有効性評価］

　　★ISMS が有効に実施されているか，維持されているか

② 　監査プログラム（監査全体のしくみや計画）策定時の考慮事項

　　★監査をするプロセスの重要性

　　　例：リスク・機会が大きいプロセスは重点的に監査します.

　　★前回までの監査結果

　　★変更（例：ISMS，人，インフラ，製品・サービスの変更等）

③　監査員は，監査プロセスの客観性，公平性を確保して選定します．

④　監査結果を関連する管理層（管理職等）に確実に報告します．

⑤　監査の実施状況や結果を，証拠（evidence）として，文書化した情報にまとめ，利用できるようにします．

　☞　参考：第3章　7.5 文書化した情報

方針達成に向けて
形ではなく中身重視の効果的な監査を！

9.3　マネジメントレビュー

9.3.1　一　般

①　トップマネジメント（ISMS の最高責任者）は，ISMS を，あらかじめ決めた間隔（例：年1回，半期に1回）でレビューします．

②　ねらい：ISMS が引き続き適切，妥当，有効であるように

9.3.2　マネジメントレビューへのインプット

①　マネジメントレビュー（MR）を計画し実施する際，次を考慮します．

9.3.2	マネジメントレビューへのインプット	関連する ISO/IEC 27001
a)	前回までの MR の結果に対する対応状況	9.3.3
b)	ISMS にかかわる外部課題，内部課題の変化	4.1
c)	ISMS にかかわる利害関係者のニーズ・期待の変化	4.2
d)	情報セキュリティパフォーマンス（実績）に関するフィードバック情報	（下記）
d)-1)	不適合，是正処置	9.2，10.2
d)-2)	監視・測定の結果	9.1
d)-3)	内部監査結果	9.2
d)-4)	情報セキュリティ目的（目標）の達成度	6.2，9.1
e)	利害関係者からのフィードバック	4.2，7.4，A.5.5〜A.5.7
f)	リスクアセスメント結果およびリスク対応計画の状況	8.2，8.3，9.1
g)	継続的改善の機会	10.1，全般

※　A：ISO/IEC 27001 附属書 A

9.3.3　マネジメントレビューの結果（アウトプット）

① マネジメントレビューからの結果（アウトプット）には，次項に関する決定や対応指示を含めます．

　★ 継続的改善の機会（何を改善すべきか）

　★ ISMS の変更の必要性

　☞ 参考：第 3 章　7.5 文書化した情報

10 改 善
(Improvement)

10.1　継続的改善
10.2　不適合及び是正処置

10.1　継続的改善

① ISMS の適切性，妥当性，有効性を継続的に改善します.

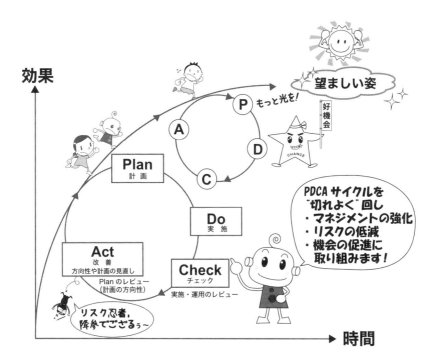

10.2　不適合及び是正処置

不適合が発生した際，下記を実施します．

① 不適合を管理します（例：影響範囲が広がらないように）．

② 不適合を修正（暫定処置，復旧）します．

③ その不適合によって起こった結果に対応します．

④ 不適合の内容を確認し，分析し，原因（根本原因）を明確にします．

⑤ 類似の不適合がないか，発生する可能性はどうかを明確にします．

⑥ 明確化された**"不適合のもつ影響に応じて"**，適切な領域，深さの是正処置（不適合の原因を除去するための処置，再発防止策，恒久処置）を実施します．

⑦ 実施した全ての是正処置が有効かどうかをレビューします．

⑧ ISMSを必要時変更します．

　☞ 参考：6.3 変更の計画策定

⑨ 不適合の内容，実施したあらゆる処置，是正処置の結果を証拠（evidence）として，文書化した情報にまとめ，利用できるようにします．

　☞ 参考：第3章　7.5 文書化した情報

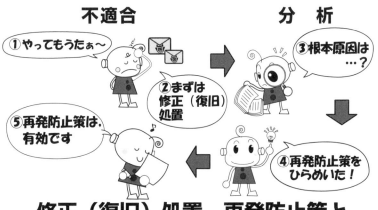

修正（復旧）処置，再発防止策と
効果の確認を確実に！

第4章

担当者の情報セキュリティ
管理策
ミニワークブック

★この章は，情報セキュリティ管理策の中で，実務担当者に共通して関連しそうな留意事項等を抜粋してミニワークブックにまとめました．自部署内での情報セキュリティ取組み状況の確認（点検）や，内部監査での質問事項にご利用ください．

★なお，組織的管理策，人的管理策については，第3章，第5章をご参考ください．

4.1　物理的管理策のミニワークブック
　　① 建物や執務室において　② クリアデスク　③ クリアスクリーン
4.2　技術的管理策のミニワークブック
　　④ PC（パソコン）の利用時　⑤ ウェブサイトやアプリの利用時
　　⑥ e メールの利用時　⑦ モバイル端末の利用時
　　⑧ SNS 類の利用時　⑨ FAX の利用時　⑩ 可搬媒体の利用時
　　⑪ ネットワーク　⑫ 媒体の廃棄時　⑬ 供給者（サプライヤ）の監督
　　⑭ クラウドサービスの利用時　⑮ AI（人工知能）の利用時
4.3　担当者の情報セキュリティ管理策 ミニワークブック 集計表

4.1　物理的管理策のミニワークブック

| ① 建物や執務室における情報セキュリティ対策（事例） |

★ 不審者が建物や執務室に入室するリスク，本来は見てはいけない人が
情報を見てしまうリスク等に注意をはらいます.

● ミニワークブック

建物，執務室，書棚等にかかわるリスク対策状況はいかがですか？

No.	質問項目	Yes	No
1	■エリア設定と運用 建物や執務室のセキュリティエリアの区分（機密度に応じたエリアの設定）は，わかりやすく設定され，実務担当者は認識していますか？	☐	☐
2	■機密度の高い情報の施錠保管 機密性の高い情報（紙や記憶媒体）は，書棚や金庫を用いて施錠保管していますか？	☐	☐
3	■持ち込み不可 ICT 機器 職場に持ち込み不可の ICT 機器は明確化され，実際に持ち込みはないかどうかのチェックは行われていますか？	☐	☐
4	■オフィスの施錠 建物や執務室の入退出時の施錠を，ルールに基づき実施していますか？	☐	☐
5	■鍵の在庫管理 建物，執務室，施錠保管用の書棚の鍵の管理（鍵の保有者の限定，台帳と実物の整合性チェック，不正な鍵の複製物の管理）を，適切に実施していますか？	☐	☐
6	■監視装置，防犯装置の設置 監視カメラや防犯装置（入退出管理装置，センサー等），およびそのデータを記憶する装置は，情報セキュリティリスクに応じた適切な設置が行われ，性能的にも監視や防犯の用途を満たしていますか？	☐	☐

No.	質問項目	Yes	No
7	■監視装置，防犯装置の点検 監視カメラや防犯装置（入退出管理装置，センサー等）は正常に設置，稼働し，必要なデータは保存されているかを，定期的に点検していますか？	☐	☐
8	■監視装置，防犯装置からのアラーム対応 監視カメラや防犯装置（入退出管理装置，センサー等）が異常を検知したときは，タイムリーに把握でき，必要な対応をとっていますか？	☐	☐
9	■監視装置，防犯装置のデータの保護 IC カードや生体認証情報を用いて施錠する際のデータや，防犯機器のデータは，盗難や破壊，意図しないデータ消去等のリスクに応じて保護されていますか？	☐	☐

✍ ミニワークブック記入のしかた ✍

  ○ この章の最後(4.3)に，ミニワークブックの"集計表"があります．

  ○ 質問項目が自分の活動に"該当しない"場合は，回答欄に ☑ をせず，空欄のままにしてください．集計時には，<u>"該当せず"</u>として取り扱います．

② クリアデスク（事例）

★ 情報の紛失・盗難予防や，必要な情報をすぐに探せる準備として，勤務を終え執務室を退出する際は，自分の机上（および机の周り）に機密性の高い情報や情報を保存する ICT 機器（PC 等）がないように情報の共有保管を含む整理整頓を行います．

③　クリアスクリーン（事例）

★離席時に自分が使用していた PC を他者が利用できないようにするため, PC の画面をロックします（特に社外, 公共の場所での PC 利用時）.

● ミニワークブック

クリアデスク・クリアスクリーンによるリスク対策状況はいかがですか？

No.	質問項目	Yes	No
1	■クリアデスク 　クリアデスクを日々実践していますか？	☐	☐
2	■クリアスクリーン 　クリアスクリーンを日々実践していますか？	☐	☐

4.2　技術的管理策のミニワークブック

★以降では, ICT ハード, ソフト・サービスの利用時に情報が漏えいするリスクに対する情報セキュリティ対策の事例を確認します.

★リスクの大きさ（発生した際の影響度×発生可能性）に応じて, 組織がどこまで対策するかを決めます.

④　PC（パソコン）の利用時の情報セキュリティ対策（事例）

★PC がマルウェア[1] に感染するリスク, 他者に直接または遠隔でアクセスされるリスク等に注意をはらいます.

　※1 用語：マルウェア（コンピューターウイルス等の悪意のあるソフトウェア）

● ミニワークブック

PC のリスク対策状況はいかがですか？

No.	質問項目	Yes	No
1	■認証情報の保護 　PC のログインに用いるユーザー ID やパスワードを同僚や上司を含む他人に教えていませんか？ （教えていない場合，Yes 欄に☑）	☐	☐
2	■認証情報の推測可能性 　パスワードの使い回しや，簡単な法則に基づく等，他者が推測しやすいパスワードを用いていませんか？ （用いていない場合，Yes 欄に☑）	☐	☐
3	■生体認証情報の保護 　生体認証情報（例：指紋，顔）を用いて PC にログインできるシステムの場合，その生体認証情報のセキュリティ対策はリスクに応じて適切ですか？	☐	☐
4	■設定の標準化 　PC の情報セキュリティ面の基本的な設定は，情報システム部門がセキュリティの視点で設定したポリシー（方針，基準）に沿って，正しく実装されていますか？	☐	☐
5	■マルウェア対策ソフトのアップデート 　マルウェア対策のセキュリティソフトを導入し，最新版に常時更新していますか？	☐	☐
6	■OS のアップデート 　PC の OS のバージョンを，タイムリーに常時更新していますか？（または，社内の情報システム部門の指示に基づく迅速な更新対応を行っていますか？）	☐	☐
7	■許可されたソフトウェアのみの使用 　情報システム部門がセキュリティの視点で許可するソフトウェア（有償／無償に限らず）だけをインストールしていますか？	☐	☐
8	■盗難，破損予防 　特に外出先での使用時は，盗難予防（放置しない），落下，衝突による破損予防に留意していますか？	☐	☐

No.	質問項目	Yes	No
9	■ PC のバックアップ PC 内の重要な情報をバックアップしていますか？	☐	☐
10	■マルウェア検知／感染時の迅速な対応 使用 PC にマルウェア感染のおそれがある場合は，すぐに有線ネットワークケーブルを外し，また無線 LAN をオフにするなど，ネットワークから切り離す作業を自ら迅速に実施することを認識していますか？	☐	☐

⑤　ウェブサイトやアプリの利用時の情報セキュリティ対策（事例）

★ PC やモバイル端末[1] で，インターネットを通じて利用するウェブサイトやアプリ[2] には，開くだけでマルウェアに感染するもの，正規画面と瓜二つのデザインで，ID・パスワードを盗んで悪さをするものなど様々なリスクがあるので注意します．

★ AI の進化により偽モノと本モノの見分けがとても難しくなっています．

　※1 モバイル端末の例：スマホ，タブレット，ウェアラブル端末

　※2 ウェブサイトやアプリの例：検索，動画視聴，物品購入，予約で用いるサイト

● ミニワークブック

　ウェブサイトやアプリを利用する際のリスク対策状況はいかがですか？

No.	質問項目	Yes	No
1	■許可された ICT サービスのみの利用 情報システム部門がセキュリティの視点で許可する ICT サービス（有償／無償に限らず）だけを利用していますか？	☐	☐

No.	質問項目	Yes	No
2	■業務外の利用の制限 業務上必要ではないウェブサイトやアプリにアクセスしていませんか？ （していない場合，Yes 欄に☑）	☐	☐
3	■ウェブサイトの真偽チェック ウェブサイトが偽物ではないか，悪意があるものではないかをセキュリティソフト・サービス等によりチェックしていますか？	☐	☐
4	■サーバーのログの認識 会社のネットワークを通じてウェブサイトを利用すると，サーバーに利用状況の記録（ログ）が残っている場合があり，情報システム管理担当等が調査できる可能性があることを理解していますか？	☐	☐
5	■入力情報の慎重な選択 ウェブサイトやアプリに入力する情報（例：ネット検索，翻訳，AI サービスの利用等での入力情報）を慎重に考えて利用していますか？	☐	☐
6	■リスクを想定したうえでの利用 自分の利用する ICT サービス（ウェブサイトやアプリ等で利用）が，もしかしたらハッキングされ，または運営会社の業務ミス等で入力，加工した情報が漏えいするリスクを想定したうえで，その利用を実施していますか？	☐	☐

⑥ e メールの利用時の情報セキュリティ対策（事例）

＊e メールの送信先間違いのリスク，メール本文に機密情報を記載するリスク，e メールを介したマルウェアに感染するリスクに注意をはらいます.

● **ミニワークブック**

eメールの利用におけるリスク対策状況はいかがですか？

No.	質問項目	Yes	No
1	■アドレス帳の整理 アドレス帳を定期的に整理し，宛先間違いを予防していますか？	☐	☐
2	■急ぎのときほど，確認 急ぎのときほど，送信先（宛先，CC，BCC）を丁寧にチェックしてから，送信していますか？	☐	☐
3	■メールに記載してよい／よくない情報 機密度の高い情報を伝達する必要がある場合は，eメールの本文に書かずに添付ファイルに記載し，パスワード等により暗号化してから送信していますか？	☐	☐
4	■なりすまし予防 eメールを通じたなりすまし[1]を見破るための方法を，教育等により理解し，実践していますか？	☐	☐
5	■攻撃手口の教育 eメールを通じた標的型攻撃[2]の手口や対策について，教育等により理解し，実践していますか？	☐	☐

※1　なりすまし

★例えば，別の人が本人の名を騙(かた)りウソのeメールやメッセージを送ること．本人の特徴をつかんだ，本物と見分けがつきにくい文面もあり得ます．

★人ではなく，ロボット，AI（人工知能）等がなりすましメールを作成・送信する場合が多くを占めます．

※2　標的型攻撃

★特定の企業，組織，個人を標的としたサイバー攻撃．例えば，標的となる企業・組織の構成員に対してマルウェア感染した添付ファイル付きのメールやメッセージを密(ひそ)かに送信したり，不適切なウェブサイト

のリンク（URL）をメール，メッセージ，アプリ等に仕込み，アクセスさせてマルウェア感染させるなどがあります．

⋆そのメールやメッセージは AI の進化により普段のメールの雰囲気と変わりなく怪しまれないように装われています．

> ⑦　モバイル端末の利用時の情報セキュリティ対策（事例）

⋆仕事で用いるモバイル端末（スマホ，タブレット，ウェアラブル端末）について電話中の音声が周りの人に聞こえるリスク，操作中のスマホ等の画面情報を他者が見ることができるリスク，放置されたモバイル端末を他者が勝手に操作できるリスク等に注意をはらいます．

⋆ミニワークブックでは，モバイル端末を「スマホ等」と記載します．

スマホは情報の宝庫，ご注意を

● ミニワークブック

仕事で用いるスマホ等の利用におけるリスク対策状況はいかがですか？

No.	質問項目	Yes	No
1	■音漏れ予防 社外（場合によっては社内）でスマホ等により通話する際は，周りの人に音声が漏れないように，また，マイク等で音声を意図せずに収集されないように注意していますか？	□	□
2	■不審なカメラ予防 スマホ等を使用する際は，画面情報が周りの人やカメラ等で収集されないことを確実にしていますか？ 例：電車，公共施設，エレベーター内	□	□
3	■OS のアップデート スマホ等の OS は，タイムリーに常時更新していますか？　または，情報システム部門の指示に基づく迅速な更新対応を行っていますか？	□	□
4	■アプリのインストール制限 情報システム部門がセキュリティの視点で許可するアプリだけをインストールしていますか？（不適切なアプリをインストールすると，意図せず情報が漏えいする場合があります）	□	□
5	■設定の標準化 スマホ等の情報セキュリティ面の基本的な設定は，情報システム部門がセキュリティの視点で設定したポリシー（方針，基準）に沿って，正しく実装されていますか？	□	□
6	■アプリの規約の確認 スマホ等にアプリをインストールする際, 規約（例：情報の利用目的, 第三者提供等）をしっかりと読み，適切かどうかを判断してから "同意" の操作をしていますか？（例えば，情報がアプリ運営会社や意図しない第三者に提供されるリスクを踏まえ，判断していますか？）	□	□
7	■ロックの設定 スマホ等の（生体認証，パスワード等による）ロックは，紛失，盗難する可能性を考慮して，設定していますか？	□	□

No.	質問項目	Yes	No
8	■廃棄時の情報漏えい予防 スマホ等の廃棄時等の所有者変更時（社内の利用者変更や中古品販売等を含む），内蔵およびクラウドサービス上のデータ消去やアカウントに関する変更作業を，セキュリティを考慮して実施していますか？	☐	☐

⑧ SNS 類の利用時の情報セキュリティ対策（事例）

★業務にかかわる秘密情報を，SNS 類で取り扱ってよいか，それとも取扱い不可かどうかは，組織のルールに基づきます．

★SNS を組織的に使用する場合は，SNS 類としてのリスク[1] に注意します．

※1 SNS で取り扱った情報が ICT サービス会社（運営会社）の国内または国外のサーバーにあり，その会社での設定ミスや AI による分析，ハッキング等で意図しない漏えい，閲覧，利用，提供につながるリスクがあります．

● ミニワークブック

業務にかかわる情報を SNS 類で取り扱う場合，リスクへの対策状況はいかがでしょうか？

No.	質問項目	Yes	No
1	■利用可または不可のルール確認 業務にかかわる情報を SNS 類で取り扱ってもよい（取り扱ってはいけない）という社内ルールをご存じですか？	☐	☐
	業務にかかわる情報を SNS 類で取り扱ってもよい組織の場合，次の項目（例）をご検討ください．		

No.	質問項目	Yes	No
2	■利用前評価 利用する SNS 類について，セキュリティ面で評価済みですか？	☐	☐
3	■初期設定 SNS 類の初期設定の際は，リスクを考えて設定していますか？	☐	☐
4	■取扱い可能情報 SNS 類で取り扱ってもよい情報，取り扱ってはいけない情報（例：アップロードを避けたい情報，例えば認証情報，機密度の高い個人情報等）を理解し，実践していますか？	☐	☐
5	■情報漏えい可能性の想定 自分の利用する SNS 類がサイバー攻撃を受けるリスクや，SNS 類運営会社の業務ミス（例：設定ミス，変更管理ミス）等により，登録した情報が漏えいするリスクを考えて，SNS 類を利用していますか？	☐	☐

⑨　FAX の利用時の情報セキュリティ対策（事例）

★送信する FAX 番号の入力間違いによる情報漏えいリスク，FAX 受信側組織で意図しない人が FAX を見てしまうリスクに注意をはらいます．

誤送信だケロ

● ミニワークブック

FAX 利用時のリスク対策状況はいかがですか？

No.	質問項目	Yes	No
1	■急ぎのときほど，確認 急ぎのときほど，送信先の FAX 番号をていねいにチェックしていますか？ 例：指さし確認	☐	☐
2	■取扱い可能情報 機密性の高い情報を FAX することを極力避けていますか？（誤送信等のリスクがあるため）	☐	☐
3	■送受信時の立会い 機密性の高い情報を FAX する場合には，送信先に事前に電話連絡のうえ，受信する複合機，FAX 機にて相手に待ち受けてもらう等の配慮をしていますか？	☐	☐
4	■ソフトウェアの弱点対策 FAX を送受信する複合機等のファームウェアは，タイムリーに更新できていますか？（複合機が情報セキュリティ的にぜい弱な状態にならないように）	☐	☐

⑩ 可搬媒体の利用時の情報セキュリティ対策（事例）

★持ち運びできる記録媒体（可搬媒体，例：USB メモリ，DVD，SSD，HDD）の紛失，盗難等のリスクに注意をはらいます．

可搬媒体のリスク対策は万全ですか？

● **ミニワークブック**

可搬媒体のリスク対策状況はいかがですか？

No.	質問項目	Yes	No
1	■在庫管理 可搬媒体の所在管理や貸出管理について，台帳等を用いて実施していますか？	☐	☐
2	■たなおろし 可搬媒体の"たなおろし"（台帳と実物の整合性確認）を定期的に実施していますか？	☐	☐
3	■マルウェアの混入予防 外部から受領した可搬媒体にマルウェアが入っている場合は，PC 等で検知できますか？	☐	☐

---

⑪　**ネットワークの情報セキュリティ対策（事例）**

＊海外からサイバー攻撃を受けるケースが非常に増えています．攻撃の検知，攻撃を受けた場合の備えの強化は非常に重要で，ネットワークにも注意をはらいます．

＊情報システム部門が直接管理，または外部委託で対応しているケース等いろいろありますが，個人でも，テレワーク時等，必要な対策を確認しましょう．

● **ミニワークブック**

ネットワークの対策状況はいかがですか？

No.	質問項目	Yes	No
1	■不正な接続 現場で，ネットワーク図に載っていない／管理されていないネットワークへの接続ルートや接続機器は，ありませんか？	☐	☐

No.	質問項目	Yes	No
2	■ソフトウェアの弱点対策 ネットワークにかかわるハード，ソフト，サービスに関して，ソフトウェアの弱点への対策は，確実に実施されていますか？ 例：ファイアウォール，VPN（仮想専用通信網），ルータ，UTM（統合脅威管理）等のソフトウェアのアップデート対応等	□	□
3	■エラーの検知 ネットワークセキュリティに関する問題（例：不正アクセス，ネットワークのぜい弱性等）をタイムリーに検知するしくみはありますか？　検知するしくみがないと，問題発生時から検知まで，期間が長期化し，問題の影響が大きくなりがちです．	□	□

⑫ **媒体の廃棄時の情報セキュリティ対策（事例）**

★ 紙媒体，ICT 端末，可搬媒体（例：USB メモリ，DVD，SSD，HDD）を廃棄する際は，　情報が漏えいするリスクに注意をはらいます．

● **ミニワークブック**

媒体の廃棄におけるリスク対策状況はいかがですか？

No.	質問項目	Yes	No
1	■廃棄情報の漏えい予防 機密度の高い情報が記載された紙媒体を廃棄する際は，情報が漏えいしないように，セキュリティを考慮した対策を実施していますか？ 例：シュレッダー等による粉砕，溶解，焼却等	□	□

No.	質問項目	Yes	No
2	■データ消去 電子媒体を廃棄する際は，情報が漏えいしないように，セキュリティを考慮した対策を実施していますか？ 例：粉砕，溶解，焼却，専用ソフトによる確実なデータ消去等	☐	☐

⑬　供給者（サプライヤ）の監督に関する情報セキュリティ対策（事例）

＊供給者（サプライヤ）には，ソフトウェア開発・保守・運用企業や，ICT製品・サービス提供企業，ソフト・ICTサービス関連（クラウドサービス，アプリケーションサービス，AIサービス，インフラサービス，通信にかかわるサービス等があります．本書では，供給者（サプライヤ）または委託先等と記載することがあります．

☞　参考：第5章　5F 供給者管理（サプライヤ関連）

＊情報を委託先等とやりとり（情報交換）する場合には，委託先等やその先の再委託先，再々委託先から情報が漏えいするリスクに注意をはらいます．また，自社グループ内企業，業務提携先に対しても，必要に応じて，考慮することをご検討ください．

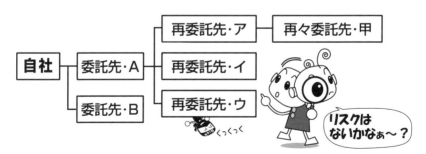

供給者（サプライヤ，委託先等）の監督も大切です．
証拠のない運用よりも，最新の証拠に基づく管理・監督を

● ミニワークブック

供給者（サプライヤ）の管理に関するリスク対策状況はいかがですか？

No.	質問項目	Yes	No
1	■ICT サプライチェーンの実態把握 自社から委託先等（組織，個人）に情報を提供する場合，その情報がどこまでの組織に提供されるかを，組織的に把握していますか？（例えば，前述イラストの委託先 A，B，再委託先ア〜ウに自社の情報が提供されている可能性を把握していますか？）	☐	☐
2	■委託先等の取組みレベルの把握，検討，対応 自社から委託先等（組織，個人）に情報を提供する場合，その情報を取り扱う委託先等の現在の情報セキュリティへの取組みレベルを把握，検討，必要な対応依頼を実施していますか？ 例：ISO/IEC 27001，プライバシーマーク等の認証状況の把握や，アンケートによる情報セキュリティ対策状況の把握等	☐	☐
3	■委託先等の監督責任 自社から情報を渡す委託先等（組織，個人）が，意図しないで（または意図的に）情報を漏えいや個人情報保護法等の法令等違反をした場合，自社には委託先等の監督責任を問われる可能性があることを認識していますか？（特に，個人情報に関して）	☐	☐
4	■秘密保持契約書の締結 情報を渡す委託先等と自社の間で秘密保持契約書を締結していますか？　もしくは，秘密保持の誓約書を委託先等から受領していますか？	☐	☐
5	■再委託先の委託先等を通じた管理 委託先等との間で締結する秘密保持契約書や誓約書の文面には，委託先等が再委託を行う場合には，事前に自社に書面で連絡し，自社の事前了承が必要なことや，委託先等が再委託先の情報セキュリティ面の監督を行う責任があるという記載がありますか？	☐	☐

No.	質問項目	Yes	No
6	■依頼事項の伝達 委託先等に対して，自社の情報セキュリティに関する依頼事項（例：行ってはいけない事項）を書面で明確に伝達していますか？	☐	☐
7	■委託先等のAI利用範囲 委託先等に対して，自社の業務におけるAIの利用範囲やルール（方法，禁止事項等）を書面で明確に伝達していますか？	☐	☐
8	■委託先等の取組みの定期評価 委託先等の情報セキュリティへの取組みを定期的に評価していますか？（どの組織もICTにかかわる外部・内部状況が頻繁に変化してくるため，継続的な評価が望まれます）	☐	☐
9	■委託先等の資本変更対応 委託先等に資本変更（買収等）が発生した場合，自社が提供している情報が，どの組織／グループがアクセス可能になるか，という変化を把握し，その変化に伴う必要な対応を実施する必要性を把握していますか？	☐	☐

⑭　クラウドサービスの利用時の情報セキュリティ対策（事例）

★ クラウドサービス※1 特有のリスクに注意をはらいます．

★ 例えば，次のようなリスクが考えられます．

- クラウドサービス会社の財務基盤のリスク（資本変更の可能性）
- セキュリティ対策やシステム運用対策，システム障害対応対策が不十分なことにより，情報漏えいやハッキングが行われるリスク
- クラウドサービス会社の業務上のミス（例：設定ミス，変更管理ミス）
- 別のクラウドサービスに変更したい場合，それまでのクラウドサービスで利用していたデータやソフトウェアを円滑に移管できないリ

スク

※1　クラウドサービスとは

ソフトウェア機能（例：eメール，グループウェア，アプリケーション）や，インフラ機能（例：データベース，ストレージ）を，インターネットを介してクラウドサービスプラットフォームから利用できるICTサービス.

● ミニワークブック

クラウドサービスの利用におけるリスク対策状況はいかがですか？

No.	質問項目	Yes	No
1	■クラウドサービス利用前の評価 　クラウドサービスを利用する前に，サービス提供会社，その株主やそのサービスを財務的，セキュリティ的な視点から評価していますか？	□	□
2	■データの保存・取扱い国 　クラウドサービス上のデータ（例：開発分，運用分，バックアップ分）は，どの国にあるか，どの国からアクセスをしているか，その国のどのような法令等に基づき管理されているかを評価していますか？	□	□
3	■契約約款，規約の確認 　クラウドサービスの契約約款，規約を十分に確認していますか？ 　例：クラウドサービス会社が通常稼働時（またはシステム障害時等）にサービス利用者のデータにアクセスできる可能性はあるか．サイバー攻撃や業務ミス等でデータが損壊した場合，どのような範囲，レベルの対応をとるのか，データが復旧できない場合の損害賠償額等	□	□

No.	質問項目	Yes	No
4	■通信，データの暗号化，認証システム クラウドサービスを利用するための通信の暗号化や，認証のしくみとレベル，データの暗号化の方式や範囲等を調査し，評価，実装していますか？	□	□
5	■サービス利用不可時の対応の想定 クラウドサービスが使えなくなった際に，情報セキュリティのC（機密性），I（完全性），A（可用性）の視点でどのようなことが起き，どう対応するべきかについて，事前検討し，準備していますか？	□	□
6	■バックアップ，リストアによる備え クラウドサービス会社がサイバー攻撃を受けたり，システム障害が発生してサービスを短・長期的に利用できなくなった場合を想定して，バックアップ，リストアの準備等を行っていますか？ 例：バックアップ・リストアの範囲, 方法, 冗長化（じょうちょうか）の準備，実装等. ☞ 参考：第5章　8C, 8.13, 8.14	□	□

⑮　AI（人工知能）の利用時の情報セキュリティ対策（事例）

∗ 人間が行う機能，活動等の全部または一部を AI サービスにさせようとする動きが活発です.

∗ AI は，断片的な情報があれば，他の情報とつなげて認証情報等を推測することも可能かもしれません.

∗ 自社の ICT サプライチェーン，情報のライフサイクル全体にわたり，AI にかかわるプロセス，ICT はどこかを把握し，その利用ルール（ポリシー，基準，手順等）を決定し，展開・運用し，技術の進化や社会の変化，関連法令等に応じて見直ししていく必要性があります.

∗ 例えば，AI に情報を（自動／手動で）インプットする活動，AI が（意図的に／意図的でなく）実施する活動，AI からのアウトプットを

（自動／手動で）利用する活動，それらの活動の社外・社内の利害関係者への影響にかかわる「利用ルール（ポリシー，基準，手順等）」を迅速に，科学的に決定し，ICTサプライチェーン，情報のライフサイクル全体にわたり展開・運用し，見直ししなければ，C（機密性），I（完全性），A（可用性）にかかわる情報セキュリティリスクは変化する可能性が十分あります．

☞ 参考：第1章 1.5 ③情報のプロファイリング

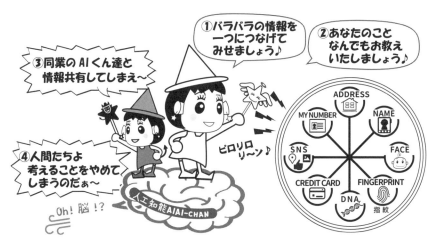

AI（人工知能）は，機密情報保護の 天使にも悪魔にもなります

利用ルール（ポリシー，基準，手順等）の設定・浸透・見直しは， 倫理，技術，効率，人間らしさの視点で多角的に万全ですか

● **ミニワークブック**

　AI（人工知能）利用のリスク対策状況はいかがでしょうか？

　⑭（クラウドサービス利用時）のワークブックに加えて，次を確認しましょう．

No.	質問項目	Yes	No
1	■利用範囲の把握 　自社の ICT サプライチェーン，情報のライフサイクル全体の中で，AI にかかわるプロセス，ICT はどこかを把握していますか？	☐	☐
2	■契約約款，規約の確認 　利用する AI サービスの契約約款，規約，仕様について，十分に確認していますか？	☐	☐
3	■学習素材の共有 　自社の利用する AI が，他の利害関係者（例：ユーザー）や，他の AI サービスとデータやスキルの共有・交換を行う可能性を確認していますか？	☐	☐
4	■ AI の利用ルール 　AI の利用ルール（ポリシー，基準，手順等）は明確化され，**ICT サプライチェーン，情報のライフサイクル全体にわたり**，展開・運用し，見直ししていますか？	☐	☐
5	■インプット，アウトプットの検証 　AI へのインプット，AI からのアウトプットの検証は，内容的に，法令等的（例：知的所有権関連），倫理的に妥当な方法で実施されていますか？	☐	☐
6	■意図しない影響 　AI が利用者の意図どおり機能せず，それにより社内・社外の利害関係者への意図しない影響や迷惑を与える可能性［例：人々の心身や経済的価値への負の影響］について，事前に分析し，必要な対応策，損害賠償，訴訟の可能性を事前に検討し，備えていますか？	☐	☐
7	■暴走への備え 　AI が突然停止したり，暴走や消滅してしまった場合の対応策を事前に検討し，備えていますか？	☐	☐

4.3　担当者の情報セキュリティ管理策 ミニワークブック 集計表

ミニワークブックを振り返り，☑Yes，☑Noの数を書き込んでください．

章　項目		質問数	Yes	No	該当せず
4.1　物理的管理策のミニワークブック					
①	建物や執務室において	9			
②	クリアデスク	1			
③	クリアスクリーン	1			
	小計　（物理的安全管理策関連）	11			
4.2　技術的管理策のミニワークブック					
④	PC（パソコン）の利用時	10			
⑤	ウェブサイトやアプリの利用時	6			
⑥	eメールの利用時	5			
⑦	モバイル端末の利用時	8			
⑧	SNS類の利用時	5			
⑨	FAXの利用時	4			
⑩	可搬媒体の利用時	3			
⑪	ネットワーク	3			
⑫	媒体の廃棄時	2			
⑬	供給者（サプライヤ）の監督	9			
⑭	クラウドサービスの利用時	6			
⑮	AI（人工知能）の利用時	7			
	小計（技術的安全管理策関連）	68			
	合　計	79			
	割合（%）	100			

※　数字は，目安，参考程度にご利用ください．

第5章

附属書A（規定）
情報セキュリティ管理策の
重要ポイント

★この章は，ISO/IEC 27001 の附属書 A の重要ポイント（抜粋）を説明しています．

★「第2章　見るみる ISMS モデル」の附属書 A の箇条番号や，「第4章　担当者の情報セキュリティ管理策　ミニワークブック」の補足資料としてご参照ください．

★本文中の［X.X］は，第5章内の関連する箇条番号を参考として記載しています．

5.1　情報セキュリティ管理策の概要
5.2　附属書A（規定）　情報セキュリティ管理策の重要ポイント
　　5　組織的管理策
　　6　人的管理策
　　7　物理的管理策
　　8　技術的管理策

5.1　情報セキュリティ管理策の概要

情報セキュリティにかかわるリスク（情報の紛失，漏えい，不正アクセス，破壊，改ざん，不正利用，関連法令違反等）に対する対策（情報セキュリティ管理策）は，次の四つに分類できます．

※1	分　類	概　要
5	組織的管理策	● 情報セキュリティ推進体制，責任・権限を定めます． ● 情報セキュリティ対策のルールを整備し，運用します．
6	人　的管理策	● 組織は従業者から情報セキュリティに関する誓約書等を受領します． ● 情報セキュリティ認識の向上や最新知識を身につけるための教育を継続的に実施します．
7	物理的管理策	● 建物や執務場所の入退出管理を行います． ● 不正な情報の閲覧や盗難を予防するために，扉やキャビネット等の施錠を行います．
8	技術的管理策	● ICT にかかわるハードウェア，ソフトウェア，ICT サービスを利用する際の情報セキュリティ対策を行います．

※1　ISO/IEC 27001 附属書 A（規定）情報セキュリティ管理策の箇条番号

[情報セキュリティ対策　四つの大分類のイメージ]

| 組織的管理策 | 人的管理策 |
| 物理的管理策 | 技術的管理策 |

[見るみる ISMS 流—附属書 A 小分類と附属書 A の箇条番号]

　組織的，人的，物理的，技術的管理策という四つの大分類に対して，もう少し細かく分類したものを，第 2 章の

　2.1　見るみる ISMS 流—附属書 A 小分類と箇条番号

　2.2　見るみる ISMS 流—附属書 A 小分類リスト

に表しており，本章でもその「**見るみる ISMS 流—附属書 A 小分類**」を記載します．

　では，ISO/IEC 27001 附属書 A（規定）情報セキュリティ管理策の各箇条の重要ポイントを確認していきましょう．

5.2　附属書 A（規定）　情報セキュリティ管理策の重要ポイント

5　組織的管理策

	■見るみる ISMS 流—附属書 A 小分類より	
5A	方針・組織	
5B	情報収集・外部組織との連携	
5C	プロジェクトマネジメント	
5D	情報・関連資産の管理，利用	
5E	アクセス制御①—計画面 ［関連：8A］	
5F	供給者管理（サプライヤ関連）	
5G	インシデント管理①—制度面［関連：6F］	
5H	事業継続マネジメント①—計画面［関連：8C］	
5I	法令等順守	
5J	順守チェック	
5K	情報処理設備操作手順	

トップ

管理者

部門　部門　部門

5A　方針・組織　　　　　　　5　組織的管理策

5.1　情報セキュリティのための方針群

☆ 組織の管理層は，情報セキュリティ方針（例：全体的な方針や，個別のセキュリティポリシー，標準，指針等）を明確化し，承認します．

☆ その情報セキュリティ方針を，組織の要員や利害関係者（委託先等）に伝達し，認識を促します．

☆ 情報セキュリティ方針は，計画した間隔や重大な変化の発生時にレビュー（見直し）します．

5.2　情報セキュリティの役割及び責任

＊組織のニーズに基づき，情報セキュリティや個人情報保護を推進するための役割・責任を決めて，要員を任命します.

　　例：ISMS 管理責任者，事務局，推進委員，ICT 部門等

5.3　職務の分離

＊相反する職務や責任範囲を分離します.

　　例：顧客への ICT サービスを運用する担当と，そのセキュリティ面でチェックを行う担当を分けておきます.

5.4　管理層の責任

＊組織の管理層は，情報セキュリティ方針（全体的な方針や，個別のセキュリティポリシー）や手順に基づいた情報セキュリティの推進を，全要員に要求します.

　　☞　参考：第 3 章　5.2 方針

5B　情報収集・外部組織との連携	5　組織的管理策

5.5　関係当局との連絡

＊情報セキュリティに関して，関係当局（例：個人情報保護委員会）との連絡体制を明確にし，維持します.

5.6　専門組織との連絡

＊情報セキュリティに関する専門組織との連絡体制を明確にし，維持します.

[補足説明：専門組織の例]

　　＊JIPDEC（一般財団法人 日本情報経済社会推進協会）

　　＊IPA（独立行政法人 情報処理推進機構）

＊ISOマネジメントシステム等の審査機関

＊外部の契約コンサルタント

5.7　脅威インテリジェンス

＊関係当局［5.5］や専門組織［5.6］から情報セキュリティの脅威に関する情報を収集・分析し，自社に影響を及ぼす可能性のある情報・知見を明確化し，活用します．

［補足説明：脅威につながる情報・知見の例］

　＊発生した／発生する可能性のある世界の情報セキュリティ事件・事故，インシデント情報，開発中の／利用可能な新技術情報等．

[主なインテリジェンス活動の例]

① 情報収集	公式情報，非公式情報，気配情報の収集
② 分析	真実／うその分析，自社の社内・社外利害関係者に影響する可能性がある／ないの分析，事業への影響度×発生可能性の分析，影響を受ける時期（早期に影響を受ける／将来影響を受ける）の分析
③ 特定	自社の ISMS に影響を及ぼす情報・知見を特定します．
④ 活用	（インテリジェンス活動の結果を踏まえ）「リスクの大きさ」に応じて，必要なリスク対策を計画し，運用・改善します．

5C　プロジェクトマネジメント	5　組織的管理策

5.8　プロジェクトマネジメントにおける情報セキュリティ

★プロジェクトで活動を実施する際，順守すべき情報セキュリティの要求事項（例：プロジェクト個別の情報セキュリティルール）をプロジェクトマネジメントの要素に組み入れます．

5D　情報・関連資産の管理，利用	5　組織的管理策

5.9　情報及びその他の関連資産の目録

★情報や情報関連資産および管理責任者を明確にした目録（一覧表，リスト）を作成し，維持します．

[補足説明：情報や情報関連資産の一例]

★情報やその他の関連する資産（本書では情報関連資産と記載します）について，特定された情報セキュリティリスクを管理します．

分類（例）	情報の例
情報	●経営情報，財務会計情報，研究・開発情報 ●個人情報［顧客（個人，法人），取引先，株主，社内の従業者等の個人情報］ ●業務情報（営業，人脈，企画，開発，購買，製造，検査，物流，サービス，業務管理，各種記録等） ●業務基準（マニュアル，規定，手順書，様式等） ●暗黙知（形になっていないアイデア等） ●顧客へ納品するコンテンツやデータ
	情報関連資産（その他の関連資産）の例
ハード関連	● ICT 機器［サーバー，PC，モバイル端末（スマホ，タブレット，スマートウォッチ，ウェアラブル端末等），可搬媒体（USB メモリ，SSD 等），通信装置，セキュリティ装置，ネットワーク装置，UPS，等］ ●施設，鍵，金庫，キャビネット，監視カメラ，サーバールーム内空調設備，消火装置 ●顧客へ納品する製品（納品形式が物理的なモノの場合，その一部の記憶媒体，紙媒体）
ソフト・ICT サービス関連	● OS，アプリケーション，セキュリティソフト（有償／無償にかかわらず） ● ICT サービス（通信，プロバイダ，情報処理サービス，クラウドサービス，アプリケーションサービス，AI） ●顧客へ納品する ICT サービス［納品形式が ICT サービス（ソフトウェアを含む）の場合］
その他サービス	●電力の供給，輸送サービス，警備サービス ●他のサービス（人事，労務，保険，福利厚生，各種審査・監査，コンサルティング，教育）

5.10　情報及びその他の関連資産の許容される利用

★情報や情報関連資産［5.9］のセキュリティに配慮した利用ルール（誰が何を利用できるか等の利用規則，取扱い手順）を明確にし，文書化し，運用します．

5.11　資産の返却

★要員・利害関係者（例：外部委託先）は，雇用や契約の終了時／変更時，自分が所持する組織・企業の情報や情報関連資産を全て返却します．

☞ 参考：第5章　5.9 情報及びその他の関連資産の目録

5.12　情報の分類

★情報セキュリティの機密性，完全性，可用性や，組織に関連する利害関係者（例：顧客，取引先）の要求事項を考慮して，企業・組織の情報セキュリティのニーズに基づいて，情報を分類します．

☞ 参考：第1章　1.2 ①，第3章　4.2，第5章　5.9

5.13　情報のラベル付け

★情報の分類体系［5.12］に基づき，情報のラベル付けの手順を策定し，運用します（情報のラベル付けの例：極秘，関係者外秘，社外秘，公開可等）．

5.14　情報の転送

★組織内・組織にかかわる関係者（例：顧客，取引先）との全ての情報の転送（伝達）方法（例：メール，SNS，電話，FAX，オンラインミーティング，対話）に関する規則，手順，合意事項を決めておきます．

eメールは脅威がいっぱい

5E　アクセス制御①—計画面［関連：8A］	5　組織的管理策

5.15　アクセス制御

★ 組織の事業上および情報セキュリティの要求事項に基づき，情報や情報関連資産［5.9］に対する物理的・論理的アクセスを制御するための規則を決めて，運用します．

5.16　識別情報の管理

★ 識別情報［例：ユーザー ID，端末管理番号，IP アドレス（IP ネットワーク上の識別番号），MAC アドレス（物理アドレス，Node ID）等］を，全ての識別情報のライフサイクル（例：割当て，運用，削除等）において管理します．

5.17　認証情報

★ 認証管理のプロセス（基準，手順等）に基づいて，認証情報を割り当て，管理します．

★この管理プロセスには，組織の要員に対する認証情報の適切な取扱い方法の助言（例：秘密にすること，設定・変更手順の説明）を含みます．

5.18　アクセス権

★組織のアクセス制御に関する個別の方針・規則に基づき，情報や情報関連資産［5.9］へのアクセス権を提供し，レビュー（見直し），変更，削除します．

5F　供給者管理（サプライヤ関連）	5　組織的管理策

［補足説明：供給者（サプライヤ関連）について］

★ISMS に関連する供給者（サプライヤ）には，ソフトウェア開発・保守・運用企業，ICT 製品・サービス提供企業［例：ハードの提供・保守（リース，修理，廃棄）関連，ソフト・ICT サービス関連（クラウド／アプリケーション／ AI ／インフラ／通信にかかわるサービス)]，その他サービス企業（例：警備サービス）等があります．

★本書では，供給者（サプライヤ）または委託先等と記載することがあります．

［補足説明：ICT サプライチェーンについて］

★ICT サプライチェーンの例として，システム開発外部委託先→再委託先→再々委託先等があり，それらの組織がそれぞれ利用するクラウドサービス，アプリケーションサービス，AI サービス，インフラサービス，通信にかかわるサービス等があり，さらにそれらの組織のグループ会社，業務提携先等があります．自社・組織の ICTに影響を及ぼす一連のつながりを ICT サプライチェーンといいます．

5.19　供給者関係における情報セキュリティ

＊供給者（サプライヤ）の製品・サービスを利用する際の情報セキュリティリスクの管理プロセス（役割, 基準, 手順）を決めて, 運用します.

5.20　供給者との合意における情報セキュリティの取扱い

＊供給者（サプライヤ）のタイプに応じて, 関連する情報セキュリティ要求事項を決めて, 各供給者と（機密／秘密保持契約書等で）合意します.

セキュリティの合意は大切です

5.21　情報通信技術（ICT）サプライチェーンにおける情報セキュリティの管理

＊ICTサプライチェーンの情報セキュリティリスク管理プロセス（役割, 基準, 手順）を決めて, 運用します.

［補足説明：再委託先の監督］

　委託先等との機密／秘密保持契約書等に，委託先等による再委託先の監督の要求を盛り込むことを推奨します．

5.22　供給者のサービス提供の監視，レビュー及び変更管理

★供給者（サプライヤ）の情報セキュリティ活動やサービス提供を定常的に監視（モニタリング）し，レビュー（見直し）し，評価し，変更を管理します．

5.23　クラウドサービスの利用における情報セキュリティ

★組織の情報セキュリティ要求事項に基づき，クラウドサービスの選定・契約（発注），利用，管理，利用の終了プロセスを確立します．
　☞ 参考：第4章　⑬〜⑮

5G　インシデント管理①—制度面 [関連：6F]	5　組織的管理策

5.24　情報セキュリティインシデント管理の計画策定及び準備

★情報セキュリティインシデント管理を計画し（情報セキュリティ管理のプロセス，役割・責任を決めて，明確化し，伝達），準備します．

［補足説明：情報セキュリティインシデント管理のイメージ］

　次ページ図参照．

5.25　情報セキュリティ事象の評価及び決定

★情報セキュリティ事象を評価し，情報セキュリティインシデント（事業運営や情報セキュリティの脅威となる確率が高いもの，要対応なもの）に分類するか，しないかを決定します．

情報セキュリティ事象
(information security event)

情報セキュリティ事象（event）は，情報セキュリティの3要素［Ｃ（機密性），Ｉ（完全性），Ａ（可用性）］をおびやかす／おびやかす可能性がある／より良くする／より良くする可能性がある，様々な「潜在／顕在する事象」．
情報セキュリティ面のシステム障害，気づき事項，ニュース，ぜい弱性（情報セキュリティ弱点），事件・事故を含みます．

情報セキュリティインシデント
(information security incident)

情報セキュリティ事象（event）の一部で，事業運営や情報セキュリティの脅威となる確率が高いもの．要対応なもの．

情報セキュリティ事件・事故

情報セキュリティインシデントの一部で，実際に発生し，情報セキュリティにマイナスの影響を及ぼしたもの．

5.26　情報セキュリティインシデントへの対応

＊文書化した手順［5.24］に基づき，情報セキュリティインシデントに対応します．

5.27　情報セキュリティインシデントからの学習

＊情報セキュリティ管理策を強化・改善するために，情報セキュリティインシデントから得た知識（発生事象，対応状況，その対応の効果，そこから得た知見等）を活用します．

5.28　証拠の収集

＊情報セキュリティ事象にかかわる証拠を特定し，その証拠を収集，取得，保存するための手順を確立し，運用します．
　例：情報やネットワークへの不正なログインの証拠の特定，保存

5H　事業継続マネジメント①—計画面 [関連：8C]	5　組織的管理策

5.29　事業の中断・阻害時の情報セキュリティ

＊（情報セキュリティ事件・事故等により）事業の中断や阻害が発生した場合でも，情報セキュリティを適切なレベルに維持するための方法を計画します．

[補足説明：事前のリスクシナリオの想定と備えの重要性]

＊事業の中断・阻害時は，情報セキュリティ対策がぜい弱になるケースがあり，その想定（リスクシナリオ）および発生時の対応をあらかじめ計画して備えておきます．

☞ 参考：書籍『見るみる BCP・事業継続マネジメント・ISO 22301』

5.30　事業継続のための ICT の備え

✳ 事業継続の目的や，事業継続に必要な ICT を継続して利用可能とする要求事項に基づき，ICT の備え（例：バックアップ，リストア，冗長化等）を計画し，運用，維持し，（その備えが計画に対して十分か有効かを確認するために）試験します．

5l　法令等順守	5　組織的管理策

5.31　法令，規制及び契約上の要求事項

✳ 情報セキュリティにかかわる法令等（法令，規制）や，（利害関係者との）契約事項，そしてこれらの法令等および契約事項を満たすための組織の取組み（例：運用基準，手順）を特定し，文書化し，最新に保ちます．

順守事項（法令，規制等や契約上の義務事項）の最新状況をしくみに反映させます

5.32　知的財産権

✳ 知的財産権（例：ライセンス，特許権，実用新案権，著作権，商標権，意匠権）を保護するための手順を運用します．

5.33　記録の保護

★記録を, 消失, 破壊, 改ざん, 不正アクセス, 不正な流出から保護します.
　例：アクセス制御, 運用基準・手順に基づく管理, 保管物の施錠等に
　　より

5.34　プライバシー及び個人識別可能情報（PII）の保護

★プライバシーおよび個人情報［PII：個人を識別（特定）することが
　できる情報］を保護するための適用法令等（法令, 規制, ガイドライ
　ン）や, （利害関係者との秘密保持に関する）契約事項に基づき, 組
　織の実施事項（例：運用基準, 手順）を特定し, 運用します.

5J　順守チェック	5　組織的管理策

5.35　情報セキュリティの独立したレビュー

★事前に決めた間隔で, または重大な変化の際, 情報セキュリティへの
　取組み（例：体制, プロセス, 技術面）について, 独立したレビュー
　を実施します. 例：ISMS の内部監査, 特別監査の実施等

［補足説明：重大な変化の例］

　★法令等の変更（検討段階, 公布段階, 施行段階）

　★組織の資本構成の変更

　★組織体制, 経営層や管理職の変更

　★ICT インフラやサービスの変更

　★重大な情報セキュリティ事件・事故の可能性や発生

5.36　情報セキュリティのための方針群, 規則及び標準の順守

★情報セキュリティ方針（例：全体的な方針や, 個別のセキュリティポ
　リシー, 標準, 指令等）［5.1］を順守しているかを定期的にレビュー
　（見直し）します.

例：ISMS 関連法令等への順法性チェックや，内部監査により実施

☞　参考：第3章　9.2 内部監査

5K　情報処理設備操作手順	5　組織的管理策

5.37　操作手順書

✴情報処理設備（例：サーバー，クラウドサービス，ネットワーク関連機器）の操作手順を文書化し，必要とする要員（運用担当者等）が利用できるようにします．

6　人的管理策

■見るみる ISMS 流—附属書 A 小分類より	
6A	雇用前—選考，雇用手続き
6B	雇用中—教育・認識
6C	雇用終了・変更
6D	秘密保持契約
6E	リモートワーク
6F	インシデント管理② —報告面［関連：5G］

6A　雇用前—選考，雇用手続き	6　人的管理策

6.1　選考

✴要員（経営層，従業者）の採用活動を行う際は，組織加入前やその後継続的に，適用される法令等および倫理を考慮して経歴などを確認します．

✴この確認作業は，組織の事業上の要求事項やその要員がアクセスできる情報の分類（例：情報の種類，機密度の分類），認識されたリスク

（例：情報セキュリティ事件・事故の可能性）に応じて行います．

6.2　雇用条件

＊情報セキュリティに関する要員の責任（例：秘密保持の責任），および組織の責任を雇用契約書に明記します．

6B　雇用中—教育・認識	6　人的管理策

6.3　情報セキュリティの意識向上，教育及び訓練

　　　[☞ 参考：第3章7.2 力量]

＊情報セキュリティ方針（例：全体的な方針や，個別のセキュリティポリシー，手順等）についての意識向上活動や，教育・訓練を，組織の要員や関連する利害関係者（例：必要時，自社に常駐の委託先等）に受けていただきます．

＊この繰り返し伝え，重要性を訴求する活動，および教育・訓練を定期的に行い，情報セキュリティ意識の向上や知識の更新を行います（例：再教育等により）．

6.4　懲戒手続

＊情報セキュリティに関する懲戒手続き（情報セキュリティ方針に違反した要員や関連する利害関係者に対する処置）を正式に（例：就業規則，秘密保持に関する誓約書や契約書に）定め，関連する要員・利害関係者に伝達します．

6C　雇用終了・変更	6　人的管理策

6.5　雇用の終了又は変更後の責任

＊書面（例：秘密保持に関する誓約書や契約書）に，要員の雇用終了や契約変更の後も有効な情報セキュリティに関する責任・義務（例：秘

密保持義務）を定め，運用し，関連する要員や利害関係者（例：派遣労働者，常勤外注者）に伝達します．

6D 秘密保持契約	6 人的管理策

6.6 秘密保持契約又は守秘義務契約

★秘密保持に関する誓約書や契約書（守秘義務契約）を文書化（例：秘密保持誓約書）し，定常的にレビュー（例：最新の法令等や社会規範から見て妥当かどうかの見直し）し，該当する要員や利害関係者（例：派遣労働者，常勤外注者）から署名を得ます．

6E リモートワーク	6 人的管理策

6.7 リモートワーク

★要員が勤務地外等からリモート（遠隔）でアクセス，処理，保存する情報を保護するために，セキュリティ対策を実施します．

例：自宅でのテレワーク，出張先等外出先からのアクセス時のセキュリティ対策

6F　インシデント管理②—報告面［関連：5G］	6　人的管理策

6.8　情報セキュリティ事象の報告

＊要員が，発見またはおかしいのではと感じた情報セキュリティ事象
を，時機を失せずに適切な連絡ルートを用いて報告するためのしくみ
を明確化します．

あやしい場合，
ネットワークを切断し，すぐに報告を！

7　物理的管理策

■見るみる ISMS 流—附属書 A 小分類より		
7A	物理的セキュリティ	
7B	クリアデスク・クリアスクリーン	
7C	ハードウェア管理	
7D	サポートユーティリティ	

7A　物理的セキュリティ	7　物理的管理策

7.1　物理的セキュリティ境界

＊情報や関連資産が保管された場所（例：建物，部屋）を保護するために，物理的セキュリティ境界［例：機密エリア，入室者限定エリア，（通常の）執務エリア，来訪者エリアの境界］を定め，運用し，保護します．

7.2　物理的入退

＊入退管理策や，許可できる訪問場所（オフィスの受付等）を設定し，セキュリティを保つ領域を保護（許可されていない人やモノの侵入を予防）します．

不審者，不審物の持ち込みおことわり

7.3　オフィス，部屋及び施設のセキュリティ

＊施設，部屋，オフィスの物理的セキュリティを設計し，実装します．
　例：鍵（金属製，カードタイプ），不審者予防を目的とした壁，監視カメラ，センサー，しきり等の設計と実装

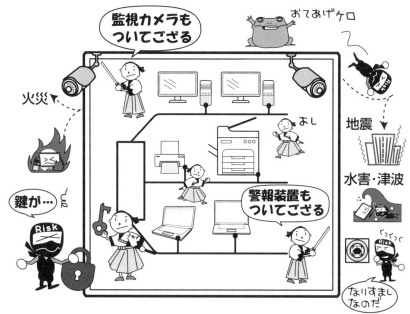

STOP 不審者，しっかり防災

7.4　物理的セキュリティの監視

＊施設に不審な人やモノの侵入・設置がないかどうか，継続的に監視します．例：施設や部屋のパトロール，監視カメラやセンサー，入退室ログの点検等

7.5　物理的及び環境的脅威からの保護

＊自然災害（例：地震，風水害，異常な高低温，多湿）やその他の意図的／意図的でない物理的・環境的脅威（火災，計画的／突発的電力喪失，雨漏り，盗難，テロ，紛争）からインフラストラクチャ（例：建物，施設，電力供給設備，通信，ネットワーク配線）を保護するための設計を行い，実装します．

7.6　セキュリティを保つべき領域での作業

★ セキュリティを保つ必要がある領域での作業について，セキュリティ
　対策を設計し，実装します．

　例：要員によるモバイル端末等を用いた録音，録画，撮影禁止

7B　クリアデスク・クリアスクリーン	7　物理的管理策

7.7　クリアデスク・クリアスクリーン

★ クリアデスク・クリアスクリーンの規則を定め，実施します．

クリアデスク方針
☑ 帰宅時，机上に機密情報を放置せずに
☑ 書類は所定の棚へ

クリアスクリーン方針
☑ 離席時にスクリーンをロックする

ID : ●●●●●
password : ○○

来るなら来い！

机のまわりの情報ごっつぁんです

帰宅時 あなたのデスクまわりはきれいですか？

［補足説明：クリアデスク・クリアスクリーンの例］

クリアデスク	オフィスから帰宅する際，自分の机上や机のまわりの書類やPC，可搬媒体（持ち運び可能な記憶媒体）を所定の場所にしまいます．
クリアスクリーン	自席から離席時，机上のPC等の端末をログアウトやスクリーンロックを行い，他者が自分の端末を操作できなくします．

7C　ハードウェア管理	7　物理的管理策

7.8　装置の設置及び保護

★ICT にかかわる装置（例：サーバー，PC，モバイル端末，ネットワーク機器）のセキュリティを保って設置し，保護します．

7.9　構外にある資産のセキュリティ

★（自オフィス内ではなく）構外にある ICT 資産を保護します（例：PC やモバイル端末を社外で利用する際の取扱いルールの設定と運用等）[6.7]．

7.10　記憶媒体

★記憶媒体［例：ハード内蔵記憶媒体（サーバー，PC，モバイル端末，ネットワーク機器内），その他記憶媒体（SSD，HDD，USB メモリ）］について，ライフサイクル（取得・入力→移送・送信→利用・加工→保管・バックアップ→消去・廃棄）を通して，組織の分類体系（例：極秘，関係者外秘，社外秘，公開可等）および取扱いルールに基づき管理します［5.9〜5.11］．

7D　サポートユーティリティ	7　物理的管理策

7.11　サポートユーティリティ

★情報処理施設・設備の維持に必要なサポートユーティリティの異常（例：停電，故障等の不具合）から保護します．

[補足説明：サポートユーティリティの例]

サポートユーティリティ	[ICTに関する施設・設備のインフラ関連] ● 電源関連：主電源，UPS（無停電電源装置），発電機と燃料 ● 空調関連：サーバー室用のエアコン等冷却装置 ● 入退出管理装置：ドアの電子ロックサービス，遠隔監視サービス

7.12　ケーブル配線のセキュリティ

☆ 電源ケーブル，通信・ネットワークケーブル（例：有線／無線LAN）の配線は，傍受，妨害，損傷がないように保護します．

7.13　装置の保守

☆ ICT関連装置を，C（機密性），I（完全性），A（可用性）を維持するために，正しく保守します

☞ 参考：第1章　1.2①情報セキュリティとは

[補足説明：ICT関連装置の保守の例]

ICT関連装置の保守	ICT関連装置（サーバー，PC，モバイル端末，複合機，ネットワーク機器，プリンタ，認証装置）の保守（点検，修理，接続関連等）

7.14　装置のセキュリティを保った処分又は再利用

☆ 記憶媒体を内蔵した装置（例：サーバー，PC，モバイル端末，ネットワーク機器，可搬媒体）を処分または再利用する前に，機密データやライセンスを消去しているか，またはセキュリティを考慮して（例：専用ソフトを使用して）上書きしているかを検証します [7.10]．

文書・記録
（電子／紙媒体）

廃棄媒体は
宝の山♪

機密情報
入っていませんか？

☑ 粉砕・溶解
☑ 焼却
☑ 専用ソフトを使った
　 確実なデータ消去

媒体を廃棄する際は
セキュリティを考慮しましょう

8　技術的管理策

■見るみる ISMS 流—附属書 A 小分類より

8A	アクセス制御②—技術面 ［関連：5E］
8B	ICT 運用・監視
8C	事業継続マネジメント② —技術面［関連：5H］
8D	ネットワーク管理
8E	暗号化技術
8F	開発プロセスのセキュリティ

インターネット

8A　アクセス制御②—技術面［関連：5E］　　8　技術的管理策

8.1　利用者エンドポイント機器

★利用者エンドポイント機器（例：PC，モバイル端末 ［☞ 参考：第5

章 5Dの補足説明］）に①保存されている情報，②機器で処理される
情報，③機器を通じてアクセスできる情報（例：機器を通じてアクセ
スできるクラウドサービス上の情報）を保護します．

［補足説明：モバイル端末の場合の例］

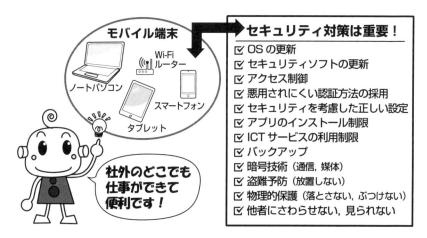

モバイル機器特有のリスクに応じた対策を

8.2 特権的アクセス権

＊特権的アクセス権（各種 ICT ハード・ソフト，サービスの管理者権
限）の割り当て，その権限の利用を制限し，管理します．

8.3 情報へのアクセス制限

＊アクセス制御の個別のセキュリティポリシーに基づき，情報や情報関
連資産へのアクセスを制限します．

　例：利用（参照）権限，更新権限，削除権限を管理し，情報や情報関
　　　連資産へのアクセスを制限します．

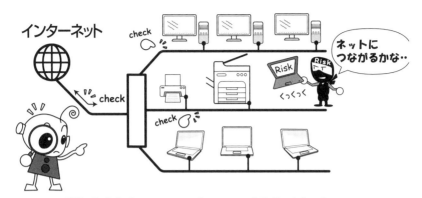

機密情報や関連する情報資産への
アクセスを制限します

8.4　ソースコードへのアクセス

★ ソースコード，開発用ツール，ソフトウェアライブラリに対するアクセス（読み取り，書き込み，ダウンロード，アップロード等）を管理します．

8.5　セキュリティを保った認証

★ 情報へのアクセス制限，アクセス制御に関する個別の方針に基づき，セキュリティを保った認証技術や手順を備えます．

8B　ICT 運用・監視	8　技術的管理策

8.6　容量・能力の管理

★ 容量・能力に関する現在および予測される要求事項に基づいて，資源の利用を監視し，調整します．

　例：サーバーの記憶媒体の空き容量や CPU の負荷状況を監視し，計画内におさまるように調整し，管理します．

8.7　マルウェアに対する保護

＊ マルウェア（悪意をもったソフトウェアで，コンピューターウイルス，スパイウェア等）に関する保護を（例：セキュリティ対策ソフト・サービスや，ICT利用者の適切な認識・運用により）実施します．

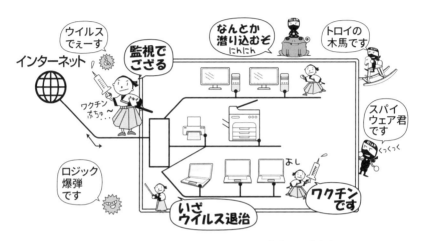

セキュリティソフトの更新は必須です

8.8　技術的ぜい弱性の管理

＊ 利用しているICTの技術的ぜい弱性に関する情報を収集し，そのぜい弱性による組織の状況（例：ICTへの影響等）を評価し，必要な対策をとります．
　 例：ハード，OS，アプリ，ファームウェア等のセキュリティ面の欠陥情報を収集し，必要なアップデート等の対策をとります．

8.9　構成管理

＊ ICT（例：ハード，ソフト，サービス，ネットワークのセキュリティ）の構成情報を明確化し，文書化し，実装し，監視し，レビュー（見直し）します．

[構成管理（Configuration Management）の管理対象の例]

対象	構成管理の項目
サーバー，PC，モバイル端末の場合	サーバー，PC，モバイル端末の仕様，OS，ソフト・サービス（アプリを含む）の種類とバージョン，ライセンス，関係性（例：変更時の影響範囲）を管理
自社開発プログラムの場合	要件定義書，設計書，仕様書，プログラムの名称，バージョン，関係性（例：変更時の影響範囲）を管理
ネットワークの場合	ネットワークのタイプ（有線，無線），ハード，ソフト・サービスの仕様，バージョン，設定情報，関係性（例：変更時の影響範囲）を管理

［備考］

★ 構成管理の精度を上げる（例：必要な構成管理項目の最新情報を把握する）と，ICT の状況把握，変更管理作業，システム障害の予防や発生時の対応作業に役立ちます．

8.10　情報の削除

★ ICT ハード，ソフト（情報システムを含む），サービスに保存している情報を，不要な時点で削除します．

[補足説明：情報の削除の範囲]

　★ 情報の削除は，社内の ICT はもちろん，社外の ICT（例：外部のデータセンター，クラウドサービス，委託先等の情報提供先等）に保存された情報についても対象になります［8.25］．

8.11　データマスキング

★ 適用法令等（例：個人情報保護法）を考慮して，個別のアクセス制御方針やその他の個別のポリシー，事業上の要求事項に基づいて，データマスキング（例：データの一部／全部を隠すために，加工する）を行います．

[補足説明：データマスキングの例]

★ システム開発作業でのテスト実施時に，システム運用データを用いたい場合は，個人を特定できる情報や機密度の高い情報をダミーデータに全て変更し，検証したうえで用います．

8.12　データ漏えい防止

★ 取扱いに慎重を要する情報を処理，保存，送信する際，利用するシステム，ネットワーク，関連装置にデータ漏えい防止対策を実装します．

　例：データの保存や通信に暗号化技術を用いる等

8C　事業継続マネジメント②—技術面 [関連：5H]	8　技術的管理策

8.13　情報のバックアップ

★ 合意した個別のバックアップ方針（例：バックアップ対象，保存場所，頻度，暗号化の有無等）に基づいて，情報，ソフトウェア，システムのバックアップを維持し，定期的に検査を行います．

　例：バックアップデータを計画どおりに取得できており，リストアを確実にできるかどうかのチェック

8.14　情報処理施設・設備の冗長性

★ 可用性の要求事項（例：システムが停止した際は，〇時間以内に復旧させる．）を満たすのに十分な冗長性をもつように，情報処理施設や設備を導入します．

[補足説明：冗長性について]

　★ ハード，通信，ネットワーク，システムを多重化し，一つが誤操作，故障や攻撃被害等で使えなくなっても，他のものに迅速に切り替えて，ICTサービスを継続利用できるようにします．

8.15 ログ取得

＊ICT にかかわる事象［ICT にかかわる諸活動，例外処理（例：ログイン認証エラー），ハード・ソフト・サービスの異常，故障，過失等）］を記録したログを取得し，保存，保護し，分析します.

[補足説明：ログ取得の例]

＊不正な ICT 利用はないか，認証エラーは想定の範囲内かを調査するためのログを取得し，分析します.

8.16 監視活動

＊ICT（例：ネットワーク，情報システム，アプリケーション）に関して，異常な動き（セキュリティ事象）がないかを監視し，インシデントに該当するか否かを評価し，インシデントの場合は適切な処置を実施します［5.24］.

8.17 クロックの同期

＊情報処理システムの時計を，国の標準時等と同期させます.

例：サーバーや PC の時計を，標準時と同期させます．それにより，例えばプログラムの動作スケジュール管理や，インシデントの発生時刻が正確になります.

8.18 特権的なユーティリティプログラムの使用

＊特権的なユーティリティプログラム（システムやアプリケーションの制御を無効にすることができるもの）の使用を制限し，厳格に管理します.

例：特権管理者の限定，利用できる機能の範囲を限定する等

8.19　運用システムへのソフトウェアの導入

＊運用システムにソフトウェアを導入する際，セキュリティを維持・管理するための手順や対策を運用します［8.8，8.9］.

例：新しいソフト，サービスのセキュリティ面の評価，導入 OK リストまたは導入 NG リストの作成・更新と周知・運用等

8D　ネットワーク管理	8　技術的管理策

8.20　ネットワークセキュリティ

＊ネットワークやネットワーク装置のセキュリティを維持・管理・制御することにより，システムやアプリケーション内の情報を保護します.

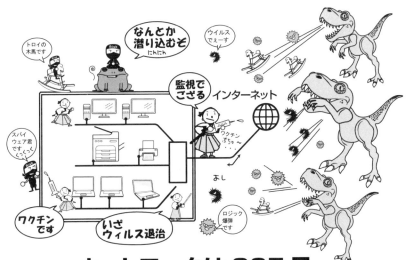

ネットワークは 365 日，
攻撃を受け続けています！

8.21　ネットワークサービスのセキュリティ

＊ネットワークサービスのセキュリティ機能，サービスレベル，サービスの要求事項を明確にし，運用し，監視します．

例：目標：24 時間 3XX 日のネットワークサービスの稼働に対して，実績状況を監視する等

8.22　ネットワークの分離

＊ネットワーク上で，情報サービス，利用者，情報システムを，グループごとに分離します．

例：開発用ネットワークと，本番運用用のネットワークを分離する等

8.23　ウェブフィルタリング

＊（インターネット利用時等で）悪意のあるコンテンツへの接続を減らすために，外部のウェブサイトへのアクセスを管理します．

例：インターネット利用時のウェブブラウザの適切な設定によるアクセス管理や，ファイアウォールやサービスの導入・適切な設定・運用等

8E　暗号化技術	8　技術的管理策

8.24　暗号の利用

＊暗号鍵の管理を含む暗号にかかわる規則を定め，運用することにより，暗号技術を効果的に利用します．

［補足説明：暗号化技術の陳腐化］

＊暗号化技術は，技術革新にともない陳腐化するので，脅威インテリジェンス［5.7］で収集した知見をもとに予防積極的（プロアクティブ）に変えることが肝要です．

＊AI や量子コンピュータの進化と普及，そして利用者の ICT リテラ

暗号技術を効果的に使いましょう

　　シーやモチベーションの度合いは，暗号化技術にとって，脅威と機会の両者になり得ます．

　★管理者やユーザーが，効果的な技術を，<u>手間が小さく意識しなくても正しく使えている</u>状態が望ましいのですが，現実はこの"手間"がリスクです．

8F　開発プロセスのセキュリティ	8　技術的管理策

8.25　セキュリティに配慮した開発のライフサイクル

　★セキュリティに配慮した，ソフトウェア，情報システムの開発規則（例：開発のライフサイクルを考慮した開発標準等）を確立し，適用します．

[補足説明：開発のライフサイクルの例]

　　★ざっくりとした一例を表します．各段階には，実施に加えてレビュー，検証，妥当性確認のプロセスが，必要に応じて含まれます．

　　★実施は，自社で直接実施する部分，外部に委託する部分があります．

ステップ	開発ライフサイクルのざっくりとした一例
a) 企画段階	●（必要時）利用中の情報システムに関する調査 ●新しい情報システムの企画 ●予算化 ●外部との契約［8.30］ ●変更管理［8.32，8F（8.25〜8.34），8.8，8.9］
b) 開発段階	●システム環境の調査，準備［8.26］ ●要件定義［8.26］ ●設計［8.26，8.27］ ●コーディング等［8.28］ ●テスト（セキュリティ面のテストを含む）［8.29，8.33］ ●ライブラリに保存 ●システム環境の導入前チェック［8.26］ ●変更管理［8.32，8F（8.25〜8.34），8.8，8.9］
c) 利用・ 運用段階	●各種設定・導入準備 ●運用環境への移管，チェック ●テストリリース，不具合修正［8.29］ ●本格リリース，不具合修正［8.29］ ●ユーザーによる利用 ●変更管理［8.32，8F（8.25〜8.34），8.8，8.9］ ●予算の進捗管理
d) 終了・ 移管段階	●システム終了（利用停止）の検討・決定 ●（必要時）データの新システムへの移管 ●必要なシステムやデータの保存 ●不要なシステムやデータのセキュリティを考慮した抹消 　［8.10］ ●システム終了

★上記の例は，ほんの一例ですが，システム開発の始まりから終わり
　までの流れを「自社の開発ライフサイクル」として作成し，その各
　段階でのセキュリティ面の開発規則を明確化しておくと，情報セキ
　ュリティリスク低減に役立ちます．

8.26　アプリケーションセキュリティの要求事項

★アプリケーションを開発する，または外部等から取得する場合，（満たすべき）情報セキュリティの要求事項を（例：セキュリティ面の設計書，仕様書等で）特定し，規定し，承認します．

8.27　セキュリティに配慮したシステムアーキテクチャ及びシステム構築の原則

★セキュリティに配慮したシステムアーキテクチャ（例：システムの構成要素，ロジック，ライフサイクル等）を構築する場合や，システムを構築する場合，原則（例：開発標準）を決めて，文書化し，維持し，全ての情報システム開発作業に適用します．

8.28　セキュリティに配慮したコーディング

★ソフトウェア開発を行う際，セキュリティに配慮したコーディングの原則（例：コーディング標準）を適用します．

8.29　開発及び受入れにおけるセキュリティテスト

★開発ライフサイクルに，セキュリティ面のテスト工程（プロセス）を定め，運用します．

8.30　外部委託による開発

★システム開発を外部委託する場合，活動を指揮し，監視し，レビューします．

☞ 参考：第5章　5F

[補足説明：ブラックボックス化のリスク]

　★外部委託の進め方の選択は，セキュリティ上とても重要で，丸投げレベルではなく「指揮・監督」レベルを求めています．

　★丸投げによる「ブラックボックス化」はリスクです．その中でも，

外部委託先が（組織的な開発プロセスではなく）属人的，職人的な開発プロセスを採用している場合は，その外部委託先の担当者が不在になった場合のリスクは，非常に大きくなります.

★少なくとも，要件定義書，設計書，仕様書，テスト仕様書と記録，構成管理情報は自社側で把握しておかないと，「いざっ！」というときに変更管理作業 [8.32] がスムーズに進まないリスクが高まります.

8.31　開発環境，テスト環境及び本番環境の分離

★セキュリティを保つために，開発環境，テスト環境，本番環境を分離します.

8.32　変更管理

★変更管理手順に基づき，情報処理施設や情報システムを変更します.

[補足説明]

　★変更管理がぜい弱な場合に，情報セキュリティ事件・事故の発生確率が高まるので，本「変更管理」はしっかりと行う必要があります.

8.33　テスト用情報

★（開発工程で用いる）テスト用の情報を，選定し，保護し，管理します.
　例：テストで用いる個人情報をデータマスキング処理します [8.11].

8.34　監査におけるテスト中の情報システムの保護

★テストおよびその他の保証活動（例：システム監査）を計画する際，テスト実施者と適切な管理層との間で合意します.
　例：テスト範囲，テストの影響範囲，テスト実施時の運用制限，テスト記録の保護の合意，予測する異常発生事象と，その備え（対策）等の合意

あとがき

『見るみる ISO』の表紙は，マネジメントシステムの CAPD サイクルを，もし義経公が岩山で八艘飛び的なジャンプをしたら，というイメージで下絵を描きました．"望ましい姿"を目指し『リスクを減らし，機会を増やすのだ！』がテーマです．リスクには，①気がつきにくいリスク，②わかっているが保留しているリスク，③対応が技術・時間・予算・経営資源面で難しいリスク等があり，この①②③のリスクをなんとか検知したいのですが，コンサルティング，例えば監査ではなかなか難しいです．

ISMS では，文書や記録の整合性や ICT にかかわる不具合は，AI が見つけて対応してくれるでしょう．では人間しかできない現場の監査とはなんだろうか？自分としては，人と人が対話することにより，互いに"気づき"，"なるほど"，"しまった"，"おもしろそう"，"何とかしよう"，という心の動き，温度感を感じられる時間を監査で共有できると楽しく思えるのですが．

そのために，着眼点を無手勝流ではなく，俯瞰的，多角的，体系的にしたいと，各種 ISO マネジメントシステム規格等の知見を合目的的観点で眺め，自分の既存の"ものさし（基準）"や先入観を一旦捨てて，想像し，再定義しようと諦めずにもがいています．1 年前と今とで"自分のものさし（基準）"をどれだけ変えることができたのか，その度合いが①②③のリスク検知力の変化量（本の表紙では岩山の高さ）につながるかなと考えています（できていませんが）．

最後になりますが，本書制作にあたり，日本規格協会グループの室谷誠さん（統括），福田優紀さん（編集）には，読者にとってわかりやすい表現を目指した編集活動を一つひとつ丁寧に進めていただき，厚く御礼申し上げます．

そして仕事仲間の寺田和正さん，岩村伊都さんをはじめ，和泉容正さん，大石秀臣さん，的場稔和さん，山西理沙さん（五十音順）には，執筆・制作時に相談に乗っていただき，心より感謝申し上げます．

株式会社エフ・マネジメント　深田　博史

参考文献

＜規　格＞

1) JIS Q 27001:2023　情報セキュリティ，サイバーセキュリティ及びプライバシー保護—情報セキュリティマネジメントシステム—要求事項
2) ISO/IEC 27002:2022　情報セキュリティ，サイバーセキュリティ及びプライバシー保護—情報セキュリティ管理策」
3) ISO/IEC 27017:2015　情報技術—セキュリティ技術—ISO/IEC 27002に基づくクラウドサービスのための情報セキュリティ管理策の実践の規範
4) ISO/IEC 27018:2019　情報技術—セキュリティ技術—PIIプロセッサとして作動するパブリッククラウドにおける個人識別情報（PII）の保護のための実施基準
5) ISO/IEC 27701:2019　セキュリティ技術—プライバシー情報マネジメントのためのISO/IEC 27001及びISO/IEC 27002への拡張—要求事項及び指針
6) JIS Q 15001:2023　個人情報保護マネジメントシステム—要求事項
7) JIS Q 9001:2015　品質マネジメントシステム—要求事項
8) JIS Q 31000:2019　リスクマネジメント—指針
9) JIS Q 19011:2019　マネジメントシステム監査のための指針

＜書　籍＞

1) 深田博史，寺田和正，寺田　博著（2016）：見るみるISO 9001—イラストとワークブックで要点を理解，日本規格協会
2) 深田博史，寺田和正著（2021）：見るみるBCP・事業継続マネジメント・ISO 22301—イラストとワークブックで事業継続計画の策定，運用，復旧，改善の要点を理解，日本規格協会
3) 株式会社エーペックス・インターナショナル著（2002）：国際セキュリティマネジメント標準　ISO 17799がみるみるわかる本　情報システムのセキュリティ対策規格をやさしく解説！，PHP研究所
4) 手塚治虫著（1986）：火の鳥2　未来編，角川書店
5) エリッヒ・ヤンツ著，芹沢高志・内田美恵翻訳(1986)：自己組織化する宇宙，工作舎

＜ウェブサイト＞

1) 一般財団法人日本情報経済社会推進協会（JIPDEC）のウェブサイト
2) 公益財団法人日本適合性認定協会（JAB）のウェブサイト
3) 独立行政法人情報処理推進機構（IPA）のウェブサイト
4) 個人情報保護委員会のウェブサイト
5) ISOのウェブサイト
6) 日本規格協会（JSA）グループのウェブサイト

著 者 紹 介

深田　博史（ふかだ　ひろし）

- マネジメントコンサルティング，システムコンサルティングを担う等松トウシュ　ロス・コンサルティング（現アビームコンサルティング株式会社，デロイトトーマツ コンサルティング合同会社）に入社．株式会社エーペックス・インターナショナル入社後は，ISO マネジメントシステムに関するコンサルティング・研修業務等に携わる．
- 現在は，株式会社エフ・マネジメント代表取締役．
- 元環境管理規格審議委員会 環境監査小委員会（ISO/TC 207/SC 2）委員［ISO 19011 規格（品質及び／又は環境マネジメントシステム監査のための指針）初版の審議等］
- 一般財団法人日本規格協会「標準化奨励賞」受賞

[主な業務]
- マネジメントシステム　コンサルティング・研修業務
  ISO 9001, ISO 14001, ISO/IEC 27001 (ISMS), JIS Q 15001, プライバシーマーク, ISO/IEC 20000-1 (IT サービスマネジメント), FSSC 22000（食品安全）HACCP, ISO 45001（労働安全衛生）, ISO 22301（事業継続マネジメント）等
- 経営コンサルティング・研修業務
  経営品質向上プログラム（経営品質賞関連），事業ドメイン分析，目標管理，バランススコアカード，マーケティング，人事考課，CS/ES 向上，J-SOX 法に基づく内部統制
- ソフトウェア開発，e ラーニング開発，書籍および通信教育の制作

[主な著書]
『見るみる ISMS・ISO/IEC 27001:2022—イラストとワークブックで情報セキュリティ，サイバーセキュリティ，及びプライバシー保護の要点を理解』，『見るみる ISO 9001—イラストとワークブックで要点を理解』，『見るみる ISO 14001—イラストとワークブックで要点を理解』，『見るみる JIS Q 15001:2023・プライバシーマーク—イラストとワークブックで個人情報保護マネジメントシステムの要点を理解』，『見るみる食品安全・HACCP・FSSC 22000—イラストとワークブックで要点を理解』，『見るみる BCP・事業継続マネジメント・ISO 22301—イラストとワークブックで事業継続計画の策定，運用，復旧，改善の要点を理解』（以上，日本規格協会，共著）
『国際セキュリティマネジメント標準 ISO17799 がみるみるわかる本』，『ISO 14001 がみるみるわかる本』（以上，PHP 研究所，共著）

[株式会社エフ・マネジメント]
　〒 460-0008　名古屋市中区栄 3-2-3　名古屋日興證券ビル 4 階
　TEL：052-269-8256, FAX：052-269-8257

■イラスト制作
　株式会社エフ・マネジメント　深田博史（原案）
　IMS コンサルティング株式会社　寺田和正（原案）
　岩村伊都（制作）

見るみる ISMS・ISO/IEC 27001:2022
イラストとワークブックで情報セキュリティ，サイバーセキュリティ，
及びプライバシー保護の要点を理解

2024 年 2 月 14 日　　第 1 版第 1 刷発行

著　　　者　深田博史
発 行 者　朝日　弘
発 行 所　一般財団法人 日本規格協会
　　　　　　〒 108-0073　東京都港区三田 3 丁目 13-12　三田 MT ビル
　　　　　　　　　　https://www.jsa.or.jp/
　　　　　　　　　　振替　00160-2-195146
製　　　作　日本規格協会ソリューションズ株式会社
印 刷 所　日本ハイコム株式会社

● 当会発行図書，海外規格のお求めは，下記をご利用ください．
　 JSA Webdesk（オンライン注文）：https://webdesk.jsa.or.jp/
　 電話：050-1742-6256　E-mail：csd@jsa.or.jp